제3판

다변수 미분적분학

김현규 · 이용하 · 이재혁 · 최인송 지음

KM 경문사

제3판 머리말

개정판이 나온 후 2020년과 2021년에 건국대와 이화여대에서 수업을 진행하면서 추가 수정의 필요성을 느끼게 되었다. 제3판에서는 개정판에서 설명이 부족하거나 부정확한 곳을 바로잡았고, 오타를 수정하였다. 그리고 다음과 같이 내용을 조정하였다.

우선, 『이차 테일러 급수』 단원을 삭제하고, 헤세 판정법을 설명하면서 필요한 내용을 보완하였다. 또한, 통상 미적분학에서 다루는 『중심과 무게중심』 단원을 삭제하였다. 그리고, 『1.3 극좌표계와 구면좌표계』와 『4.4 라그랑주 승수법』 두 절을 추가하였다. 마지막으로, 학습에 도움이 될 만한 연습문제들을 여럿 추가하였다.

수업에 참여하면서 이전 교재에 있는 오류와 문제점을 지적해준 이화여대와 건국대 학생들에게 감사드린다. 유례없는 온라인 강의 시기에 학생들과 피드백을 주고받았던 것이 소중하게 여겨진다.

2022년 2월

저자 일동

개정판 머리말

이 책 초판을 교재로 하여 건국대와 이화여대에서 다변수함수론 과목 강의가 여러 학기 동안 진행되었다. 나름대로 의욕을 가지고 집필한 교재였지만 강의를 진행하면서 몇 가지 문제점들이 발견되었다. 학생들의 예리한 눈은 오타와 잘못된 풀이를 잡아내었을 뿐 아니라, 개념의 서술에 있어서 불충분하거나 오해를 불러일으킬 수 있는 부분을 날카롭게 지적해냈다.

이번 개정판에서는 그동안 발견된 오타와 부정확한 표현들을 수정하면서 다음 몇 가지 사항을 고쳤다.

- 벡터의 외적에 대한 기하적인 정의를 추가했다.
- 다변수함수에 대한 평균값 정리, 중간값 정리 등을 추가했다.
- 역함수 정리 증명의 범위를 줄이고 필요한 설명을 보충했다.
- divergence, curl, flux 등의 물리적인 의미에 대한 해설을 추가했다.
- 선적분과 면적분의 정의를 다른 관점에서 보완했다.

다변수함수에 대한 강의나 교재 쓰기가 쉽지 않다는 것은 그동안 강의하면서도 느꼈던 바지만, 개정판을 내면서 새삼 실감했다. 엄밀성과 의미 전달의 균형을 잡는 일도 어렵지만, 대학 수학의 여러 분야와 연관이 있는 주제라, 다양한 분야로부터 온 기본적인 개념의 아이디어를 녹여내야 할 필요성을 느낀다. 이번 개정판에서도 이런 목표가 충분히 달성된 것 같지는 않다. 초판에서 잘못되거나 부정확했던 부분들이 수정되었을 뿐이다.

새 학기에 새 단장을 한 교재로 학생들과 만날 일이 기대된다. 계속 강의를 진행하면서 더 쉽고도 정확하게 개념과 아이디어를 전달할 수 있는 더 좋은 설명을 찾도록 노력하고자 한다. 개정판을 읽은 분들께서 평가와 지적을 해주시면 이후 재개정판에 충실히 반영할 것을 약속드린다. 마지막으로 초판에 있던 문제점들을 알려준 건국대와 이화여대의 학생들에게 다시 한번 감사드린다.

2020년 1월

저자 일동

머리말

수학과 전공 교과과정에서 다변수함수론은 특수한 위치에 있다. 1학년 과목인 미적분학에서는 대체로 많은 내용의 기초 지식을 계산 중심으로 전달하게 된다. 미적분학은 다루는 내용이 무척 많을 뿐 아니라 1학년 학생들에게 상당한 수준의 이론적 엄밀성을 요구하는 일이 사실상 무리이므로 통상 이론보다는 개념 설명과 문제 풀이 위주로 강의하게 된다. 학생들은 이어지는 선형대수학이나 해석학에서 해당 분야의 이론적 기초를 습득하고 다양한 수학과 교과과정을 배울 수 있는 소양을 습득하게 된다. 하지만 미분방정식론이나 미분기하학, 복소함수론, 위상수학 등의 교과과정을 공부하다 보면 다변수함수에 관한 이론적 기초 또한 매우 필요하다는 것을 발견하게 된다. 이는 다변수함수론이 담당하는 중요한 역할이라고 생각된다. 하지만 일변수함수와 다변수함수의 간극이 매우 크기 때문에 일변수함수에 대한 지식을 근거로 다변수함수에 관련된 많은 주제들을 소개하고 이론적 엄밀성까지 추구하는 것은 실질적으로 매우 어렵다. 이런 이유에서 다수의 다변수함수론 교재들은 대체로 '다변수함수에 관한 미적분학' 교재에 가까운 형식을 가지고 있다. 그리하여 다변수함수론을 미적분학처럼 계산과 문제 풀이 위주로 강의하게 되고 결과적으로 이후 다른 수학 전공 주제들과 유연하게 연계되기 위하여 필요한 이론적 기초를 제공하는 것은 어려워진다. 이러한 일들에 대한 저자들의 문제 의식이 이 책을 기획하게 된 출발점이다.

대개의 수학 과목과 마찬가지로 다변수함수론의 강의 목표도 크게 두 가지로 요약된다. 하나는 다변수를 다루면서 발생하는 기호의 복잡함에 익숙하도록 하여 기술적 능숙함을 습득하는 것이며, 다른 하나는 기술적 내용으로부터 구분되는 수학적 개념과 수리적 발상을 포착하도록 하는 것이다. 일변수함수론과 구별되는 다변수함수론의 개념적인 내용이라 하면 주로 평면이나 공간에서 발생하는 기하적 현상을 이해하는 것이라 할 수 있다. 학생들은 간단하고 쉬운 예들을 다루면서 발견하는 기하적, 위상적 현상들을 통하여 현대 수학의 흥미로운 세계로 첫발을 딛게 된다. 다변수함수의 이론들이 요구하는 일정 수준의 엄밀성은 이와 같은 흥미로운 주제들이 유기적으로 연결되도록 하는 방식을 명쾌하게 이해시키기 위하여 반드시 필요하다.

저자들은 이런 관점에서 학생들과 강사들에게 도움이 될 수 있는 자료가 되도록 이 책을 집필하려고 노력하였다. 기존의 교재에는 없던 내용을 새로이 포함시킨 바는 없으나, 긴 호흡이나 견고한 준비가 필요한 증명들을 가급적 생략하지 않고 이론의 흐름에 따라 제시하였다. 또한 이론의 실제와 적용을 보여줄 수 있도록 전형적인 예들과 관련 문제들을 구성하였다. 이 책의 내용 전체를 고스란히 강의하기는 시간적으로 어려움이 있을 것이다. 학생들의 수준을 고려하여 내용을 선별하면 다양한 주제와 형태의 자료로 재구성할 수 있을 것으로 기대된다. 덧붙여, 위에 언급한 두 가지 목표에 따라 구성되기를 희망한다.

이 책의 초고는 이화여자대학교 수학과의 유망전공 육성사업의 지원으로 작성되었다. 작성된 초고는 이화여자대학교 수학과 대학원의 김명윤, 김승지, 이은정 학생이 꼼꼼히 읽고 크고 작은 오류를 수정해 주었으며, 연습문제의 답안과 목차를 작성하는 일을 도와주었다. 이 자리를 빌려 고마움을 전한다. 여전히 남아 있을 수 있는 크고 작은 오류는 모두 저자들의 책임이며 오류 또는 설명이 미흡한 부분을 저자들에게 알려주면 이후 개정판에 충실히 반영할 것을 약속드린다.

2018년 1월
저자 일동

차례

Part1

Part2

Part3

Part 1

다변수 미분적분학

제1장

벡터공간

이 장에서는 n-공간 $\mathbb{R}^n$의 벡터공간으로서의 성질을 살펴보고 일차독립의 개념과 내적에 대하여 이해하며 좌표공간 $\mathbb{R}^3$의 외적에 대하여 설명한다.

1.1 n-공간 $\mathbb{R}^n$

좌표평면 $\mathbb{R}^2$과 좌표공간 $\mathbb{R}^3$이 각각 두 개와 세 개의 실수로 구성된 좌표들의 집합인 것처럼 자연수 n개의 실수로 구성된 좌표들의 집합 $\mathbb{R}^n$을 다음과 같이 정의한다.

$$\mathbb{R}^n := \{(a_1, \cdots, a_n) \mid a_i \in \mathbb{R}\}$$

마찬가지로 집합 $\mathbb{R}^n$의 두 원소의 합을

$$(a_1, \cdots, a_n) + (b_1, \cdots, b_n) := (a_1 + b_1, \cdots, a_n + b_n)$$

으로 정의하고, $\mathbb{R}^n$의 원소와 실수의 곱을

$$c \cdot (a_1, \cdots, a_n) := (ca_1, \cdots, ca_n),\ c \in \mathbb{R}$$

로 정의한다.

이들 두 가지 대수적 구조는 다음의 성질들을 만족하는 것을 쉽게 확인할 수 있다.

(1) $((a_1, \cdots, a_n) + (b_1, \cdots, b_n)) + (c_1, \cdots, c_n)$
$= (a_1, \cdots, a_n) + ((b_1, \cdots, b_n) + (c_1, \cdots, c_n))$

(2) 임의의 $(a_1, \cdots, a_n)$에 대하여
$(0, \cdots, 0) + (a_1, \cdots, a_n) = (a_1, \cdots, a_n) = (a_1, \cdots, a_n) + (0, \cdots, 0)$

(3) 임의의 $(a_1, \cdots, a_n)$에 대하여 집합 $\mathbb{R}^n$의 원소 $(-a_1, \cdots, -a_n)$가 존재하여

$(a_1, \cdots, a_n) + (-a_1, \cdots, -a_n) = (0, \cdots, 0) = (-a_1, \cdots, -a_n) + (a_1, \cdots, a_n)$

(4) $(a_1, \cdots, a_n) + (b_1, \cdots, b_n) = (b_1, \cdots, b_n) + (a_1, \cdots, a_n)$

(5) $c \cdot ((a_1, \cdots, a_n) + (b_1, \cdots, b_n)) = c \cdot (a_1, \cdots, a_n) + c \cdot (b_1, \cdots, b_n)$

(6) 실수 a, b에 대하여

$(a+b) \cdot (a_1, \cdots, a_n) = a \cdot (a_1, \cdots, a_n) + b \cdot (a_1, \cdots, a_n)$

(7) 실수 a, b에 대하여

$(ab) \cdot (a_1, \cdots, a_n) = a \cdot (b \cdot (a_1, \cdots, a_n))$

(8) 실수 1에 대하여

$1 \cdot (a_1, \cdots, a_n) = (a_1, \cdots, a_n)$

이와 같은 성질을 만족하는 원소의 합과 실수곱이 정의된 집합 $\mathbb{R}^n$을 **n-공간**이라고 부르며 원소를 **벡터** 또는 **n-벡터**라고 한다. 벡터와 실수 간의 실수곱을 정의하는 실수를 **스칼라**라고 하며 실수곱을 **스칼라곱**이라고 한다.

스칼라의 집합 $\mathbb{R}$에 대하여 정의된 n-공간 $\mathbb{R}^n$은 체 F에 대하여 정의된 벡터공간의 한 예로서 일반적인 정의는 다음과 같다.

정의 1.1 벡터공간

집합 V과 체 F에 대하여 정의된 V의 두 원소의 합

$$\begin{aligned} + : V \times V &\to V \\ (v, w) &\mapsto v + w \end{aligned}$$

과 스칼라 곱

$$\begin{aligned} \cdot : F \times V &\to V \\ (c, v) &\mapsto c \cdot v \end{aligned}$$

이 다음 조건들을 만족할 때, 집합 V을 체 F에서의 **벡터공간**이라고 하고 집합의 원소를 **벡터**라고 한다.

(1) V의 원소 u, v, w에 대하여,

$$(u+v)+w = u+(v+w)$$

(2) V의 원소 O가 존재하여 각각의 원소 u에 대하여

$$O+u = u = u+O$$

(3) V의 각 원소 u에 대하여 원소 $-u$가 존재하여

$$u+(-u) = O = (-u)+u$$

(4) V의 원소 u, v에 대하여

$$u+v = v+u$$

(5) V의 원소 u, v와 체 F의 c에 대하여

$$c\cdot(u+v) = c\cdot u + c\cdot v$$

(6) V의 원소 u와 체 F의 a, b에 대하여

$$(a+b)\cdot u = a\cdot u + b\cdot u$$

(7) V의 원소 u와 체 F의 a, b에 대하여

$$(ab)\cdot u = a\cdot(b\cdot u)$$

(8) V의 원소 u와 체 F의 1에 대하여

$$1\cdot u = u$$

표기의 편의를 위하여 따로 구별이 필요하지 않은 경우 스칼라 곱 $c\cdot v$를 cv로 쓰기로 한다.

예 1.2 집합 M_{nm}을 실수 위에 정의된 $n\times m$행렬의 집합이라고 할 때 두 행렬의 합을

$$\begin{pmatrix} a_{11} & a_{12} & \cdots & a_{1m} \\ a_{21} & a_{22} & \cdots & a_{2m} \\ \vdots & \vdots & \ddots & \vdots \\ a_{n1} & a_{n2} & \cdots & a_{nm} \end{pmatrix} + \begin{pmatrix} b_{11} & b_{12} & \cdots & b_{1m} \\ b_{21} & b_{22} & \cdots & b_{2m} \\ \vdots & \vdots & \ddots & \vdots \\ b_{n1} & b_{n2} & \cdots & b_{nm} \end{pmatrix} := \begin{pmatrix} a_{11}+b_{11} & a_{12}+b_{12} & \cdots & a_{1m}+b_{1m} \\ a_{21}+b_{21} & a_{22}+b_{22} & \cdots & a_{2m}+b_{2m} \\ \vdots & \vdots & \ddots & \vdots \\ a_{n1}+b_{n1} & a_{n2}+b_{n2} & \cdots & a_{nm}+b_{nm} \end{pmatrix}$$

으로 정의하고 실수 c에 대한 스칼라 곱을

$$c\begin{pmatrix} a_{11} & a_{12} & \cdots & a_{1m} \\ a_{21} & a_{22} & \cdots & a_{2m} \\ \vdots & \vdots & \ddots & \vdots \\ a_{n1} & a_{n2} & \cdots & a_{nm} \end{pmatrix} := \begin{pmatrix} ca_{11} & ca_{12} & \cdots & ca_{1m} \\ ca_{21} & ca_{22} & \cdots & ca_{2m} \\ \vdots & \vdots & \ddots & \vdots \\ ca_{n1} & ca_{n2} & \cdots & ca_{nm} \end{pmatrix}$$

으로 정의하면 집합 M_{nm}은 실수를 스칼라로 하는 벡터공간이다. ▲

예 1.3 집합 P_n을 실수 계수를 갖는 n차 이하의 다항식들의 집합이라고 할 때 두 다항식의 합을

$$(a_0 + a_1x + \cdots + a_nx^n) + (b_0 + b_1x + \cdots + b_nx^n)$$
$$:= (a_0 + b_0) + (a_1 + b_1)x + \cdots + (a_n + b_n)x^n$$

으로 정의하고 실수 c에 대한 스칼라 곱을

$$c(a_0 + a_1x + \cdots + a_nx^n) := ca_0 + ca_1x + \cdots + ca_nx^n$$

으로 정의하면 집합 P_n은 실수를 스칼라로 하는 벡터공간이다. ▲

연습문제 1.1 벡터공간의 정의를 활용하여 다음을 보이시오.

$$0u = O, \quad cO = O$$

연습문제 1.2 덧셈의 항등원 O가 유일함을 보이시오.

연습문제 1.3 덧셈에 대한 역원이 유일함을 보이시오. 즉, V의 원소 u, v, w에 대하여 $u + v = O = u + w$이면, $v = w$임을 보이시오.

연습문제 1.4 평면 및 공간의 벡터를 이용해 다음을 보이시오.

(1) 삼각형 ABC의 세 중선이 한 점에서 만난다.

(2) 삼각형 ABC의 각 꼭짓점에서 마주보는 변에 수선을 내렸을 때, 세 수선이 한 점에서 만난다.

(3) 사각형 $ABCD$의 각 변의 중점을 꼭짓점으로 하는 사각형은 평행사변형이다.

우리가 좌표공간 $\mathbb{R}^3$의 벡터 $v = (a_1,\ a_2,\ a_3)$에 대하여 표준적으로 정의하여 사용하는 벡터의 크기

$$|v| = |(a_1,\ a_2,\ a_3)| := \sqrt{a_1^2 + a_2^2 + a_3^2}$$

는 표준적인 내적 $\bullet$에 의해 $|v| = \sqrt{v \bullet v}$으로부터 정의될 수 있는 특징이 있다. 그리고 좌표공간의 벡터의 크기와 내적이 좌표평면 $\mathbb{R}^2$에서 표준적으로 사용하는 벡터의

크기와 내적의 확장으로 좌표평면의 벡터들 간에 성립하는 피타고라스 정리가 좌표공간의 벡터들에서도 성립한다. 마찬가지 방법으로 n-공간 $\mathbb{R}^n$의 벡터의 내적과 크기를 정의한다.

정의 1.4 **n-공간의 내적과 벡터의 크기**

n-공간 $\mathbb{R}^n$의 두 벡터 $v=(a_1, \cdots, a_n)$, $w=(b_1, \cdots, b_n)$에 대하여 **벡터의 내적** $v \bullet w$을

$$v \bullet w := \sum_{k=1}^{n} a_k b_k$$

라고 정의하고, **벡터** $v=(a_1, \cdots, a_n)$**의 크기** $|v|$를

$$|v| := \sqrt{v \bullet v} = \sqrt{a_1^2 + \cdots + a_n^2}$$

라고 정의한다.

연습문제 1.5 (1) n-공간 $\mathbb{R}^n$의 영이 아닌 벡터 u, v에 대하여 두 벡터가 이루는 각도가 θ이면, $u \cdot v = |u||v|\cos\theta$가 성립함을 보이시오.

(2) 정사면체 $ABCD$의 중심을 O라 할 때, $\overrightarrow{OA}$와 $\overrightarrow{OB}$의 사잇각 θ에 대하여 $\cos\theta$의 값은?

n-공간 $\mathbb{R}^n$의 벡터 v의 크기가 1일 때 **단위벡터**라고 부르고 n개의 좌표방향의 단위벡터

$$e_1=(1, 0, \cdots, 0),\ e_2=(0, 1, \cdots, 0),\ \cdots,\ e_n=(0, 0, \cdots, 1)$$

를 **표준 단위벡터**라고 부른다(삼차원의 경우에는 특별히 $\mathrm{i} := (1, 0, 0)$, $\mathrm{j} := (0, 1, 0)$, $\mathrm{k} := (0, 0, 1)$로 쓰기도 한다.). 한편 두 벡터 v, w에 대하여 $v \bullet w = 0$인 경우, 두 벡터 v, w가 수직이라 한다. n-공간 $\mathbb{R}^n$의 임의의 벡터 $v=(a_1, \cdots, a_n)$는 이들 n개의 표준 단위벡터들에 대한 스칼라곱과 합인

$$v = a_1 e_1 + \cdots + a_n e_n$$

으로 나타낼 수 있을 뿐만 아니라 계수 a_k $(k=1, \cdots, n)$를 선택하는 방법은 유일하다.

연습문제 1.6 n-공간 $\mathbb{R}^n$의 벡터 v가 표준 단위벡터들에 대한 스칼라곱과 합이 다음과 같이 표현된다고 한다.

$$v = a_1e_1 + \cdots + a_ne_n = b_1e_1 + \cdots + b_ne_n$$

이때 $a_i = b_i$ $(i=1, 2, \cdots, n)$임을 보여라.

일반적으로 n-공간 $\mathbb{R}^n$의 벡터 $v_1, \cdots, v_k$와 실수 $a_1, \cdots, a_k$에 대하여 스칼라곱과 벡터합으로 표현된 벡터 $a_1v_1 + \cdots + a_kv_k$를 벡터 $v_1, \cdots, v_k$의 **선형결합**이라고 한다. $\mathbb{R}^n$의 벡터 $v_1, \cdots, v_k$에 대하여 특별히 스칼라인 실수를 모두 0으로 하면 이들의 선형결합으로 영벡터 O를 표현할 수 있다. 만약 실수 $a_1, \cdots, a_k$ 중 0이 아닌 것이 존재하여 벡터 $v_1, \cdots, v_k$의 선형결합으로 영벡터 O를 표현할 수 있다면, 벡터 $v_1, \cdots, v_k$를 **일차종속**이라고 하고, 그렇지 않고 O를 표현하는 방법이 모두 실수 0을 선택하여야 하는 한 가지뿐일 때 벡터 $v_1, \cdots, v_k$를 **일차독립**이라고 한다. 벡터 $v_1, \cdots, v_k$가 일차독립인 것은 어떤 벡터가 벡터 $v_1, \cdots, v_k$의 선형결합으로 표시될 때 계수로 선택되는 실수들의 선택이 단 한 가지뿐인 것과 동치이다.

따라서 앞서 n-공간 $\mathbb{R}^n$의 표준 단위벡터들은 일차독립이고, n-공간 $\mathbb{R}^n$의 모든 벡터를 표준 단위벡터들의 선형결합으로 표현할 수 있으며 그 방법이 유일하다.

연습문제 1.7 O이 아닌 두 벡터가 일차종속인 것은 두 벡터가 평행인 것과 동치임을 보이시오.

연습문제 1.8 다음 좌표공간 $\mathbb{R}^3$의 벡터들의 집합들 중 일차독립인 것은?

$A = \{(1,1,0),(0,1,1),(1,0,1)\}$,

$B = \{(1,1,1),(1,1,0),(0,0,0)\}$,

$C = \{(1,-1,0),(0,1,-1),(-1,0,1),(1,1,1)\}$,

$D = \{(1,0,2),(2019,0,2020)\}$,

$E = \{(1,0,2)\}$, $F = \{(0,0,0)\}$

1.2 좌표공간과 벡터의 외적

좌표공간 $\mathbb{R}^3$은 단순히 좌표평면 $\mathbb{R}^2$을 확장한 것에 더하여 일반적인 n-공간 $\mathbb{R}^n$과 구별되는 성질을 가지는데 그 중에 유용한 것으로 외적을 들 수 있다. 좌표공간 $\mathbb{R}^3$의 두 벡터 $u=(a_1,\ a_2,\ a_3)$와 $v=(b_1,\ b_2,\ b_3)$에 대하여,

$$u \times v := \begin{vmatrix} \mathrm{i} & \mathrm{j} & \mathrm{k} \\ a_1 & a_2 & a_3 \\ b_1 & b_2 & b_3 \end{vmatrix} = \begin{vmatrix} a_2 & a_3 \\ b_2 & b_3 \end{vmatrix} \mathrm{i} - \begin{vmatrix} a_1 & a_3 \\ b_1 & b_3 \end{vmatrix} \mathrm{j} + \begin{vmatrix} a_1 & a_2 \\ b_1 & b_2 \end{vmatrix} \mathrm{k}$$

를 두 벡터 u, v의 **외적**이라고 한다.

우선 좌표공간 $\mathbb{R}^3$의 표준 단위벡터의 외적을 살펴보면

$$\mathrm{i} \times \mathrm{j} = -(\mathrm{j} \times \mathrm{i}) = \mathrm{k}$$

$$\mathrm{j} \times \mathrm{k} = -(\mathrm{k} \times \mathrm{j}) = \mathrm{i}$$

$$\mathrm{k} \times \mathrm{i} = -(\mathrm{i} \times \mathrm{k}) = \mathrm{j}$$

의 관계를 알 수 있다.

좌표공간 $\mathbb{R}^3$의 세 벡터 $u=(a_1,\ a_2,\ a_3)$, $v=(b_1,\ b_2,\ b_3)$, $w=(c_1,\ c_2,\ c_3)$를 행으로 하는 3×3행렬을

$$\begin{bmatrix} u \\ v \\ w \end{bmatrix} := \begin{bmatrix} a_1 & a_2 & a_3 \\ b_1 & b_2 & b_3 \\ c_1 & c_2 & c_3 \end{bmatrix}$$

라고 나타내고 다음의 보조정리를 얻을 수 있다.

보조정리 1.5

좌표공간 $\mathbb{R}^3$의 벡터 u, v, w, l와 실수 c에 대하여 다음이 성립한다.

(1) $\det\begin{bmatrix} u \\ v \\ w \end{bmatrix} = -\det\begin{bmatrix} v \\ u \\ w \end{bmatrix} = -\det\begin{bmatrix} u \\ w \\ v \end{bmatrix}$

(2) $\det\begin{bmatrix} cu \\ v \\ w \end{bmatrix} = c\det\begin{bmatrix} u \\ v \\ w \end{bmatrix}$, $\det\begin{bmatrix} u+l \\ v \\ w \end{bmatrix} = \det\begin{bmatrix} u \\ v \\ w \end{bmatrix} + \det\begin{bmatrix} l \\ v \\ w \end{bmatrix}$

증명 단순계산에 의해 등호를 확인한다. ■

연습문제 1.9 (1) 다음 값을 계산하시오

$$\det\begin{pmatrix}1 & 2 & 4\\ 2 & 4 & 1\\ 4 & 1 & 2\end{pmatrix}$$

(2) 다음을 보이시오.

$$\det\begin{pmatrix}1 & 1 & 1\\ a & b & c\\ a^2 & b^2 & c^2\end{pmatrix} = (a-b)(b-c)(c-a)$$

보조정리 1.5(1)에 따라 행렬의 두 행이 같으면 행렬식이 0이 됨을 알 수 있다. 보조정리 1.5를 활용하여 외적의 성질을 다음과 같이 살펴볼 수 있다.

정리 1.6

좌표공간 $\mathbb{R}^3$의 벡터 u, v, w, l와 실수 c에 대하여 다음이 성립한다.

(1) $u \times v = -v \times u$

(2) $(cu+v)\times w = cu\times w + v\times w$

(3) $u \cdot (v\times w) = \det\begin{bmatrix}u\\ v\\ w\end{bmatrix}$

(4) $u\times v$ 는 u, v와 각각 수직이다.

(5) $(u\times v)\times w = (u\cdot w)v - (v\cdot w)u$

(6) $(u\times v)\cdot(w\times l) = \begin{vmatrix}u\cdot w & v\cdot w\\ u\cdot l & v\cdot l\end{vmatrix}$

(7) $|u|^2|v|^2 = (u\cdot v)^2 + |u\times v|^2$

(8) $|u\times v| = |u||v|\sin\theta$ (단 θ는 두 벡터 u, v가 이루는 각)

(9) u, v가 0이 아닌 벡터일 때, $u\times v = 0$ 인 것은 u, v가 평행한 것과 동치이다.

증명 (1), (2)는 보조정리 1.5를 이용하면 쉽게 유도된다.

(3) $u=(a_1, a_2, a_3)$, $v=(b_1, b_2, b_3)$, $w=(c_1, c_2, c_3)$라 하고 좌변의 식 $u\cdot(v\times w)$을 살펴보면

$$u \cdot (v \times w) = \begin{vmatrix} b_2 & b_3 \\ c_2 & c_3 \end{vmatrix} a_1 - \begin{vmatrix} b_1 & b_3 \\ c_1 & c_3 \end{vmatrix} a_2 + \begin{vmatrix} b_1 & b_2 \\ c_1 & c_2 \end{vmatrix} a_3 = \begin{vmatrix} a_1 & a_2 & a_3 \\ b_1 & b_2 & b_3 \\ c_1 & c_2 & c_3 \end{vmatrix} = \det \begin{bmatrix} u \\ v \\ w \end{bmatrix}$$

이므로 우변의 결론을 얻는다.

(4) 성질 (3)과 보조정리 1.5에 의해 $u \cdot (u \times v) = \det \begin{bmatrix} u \\ u \\ v \end{bmatrix} = 0$이므로 u는 $u \times v$에 수직이다. 같은 방법으로 v도 $u \times v$에 수직이다.

(5) 성질 (2)와 벡터의 내적의 성질에 따라 w가 i, j, k인 경우만 각각 확인하면 된다. $u = (a_1,\ a_2,\ a_3)$, $v = (b_1,\ b_2,\ b_3)$로 두고 $w = \mathrm{i}$인 경우만 살펴보기로 하면, 좌변은

$$(u \times v) \times \mathrm{i} = \begin{vmatrix} a_2 & a_3 \\ b_2 & b_3 \end{vmatrix} \mathrm{i} \times \mathrm{i} - \begin{vmatrix} a_1 & a_3 \\ b_1 & b_3 \end{vmatrix} \mathrm{j} \times \mathrm{i} + \begin{vmatrix} a_1 & a_2 \\ b_1 & b_2 \end{vmatrix} \mathrm{k} \times \mathrm{i} = \begin{vmatrix} a_1 & a_3 \\ b_1 & b_3 \end{vmatrix} \mathrm{k} + \begin{vmatrix} a_1 & a_2 \\ b_1 & b_2 \end{vmatrix} \mathrm{j}$$

이고 우변은

$$\begin{aligned} &(u \cdot \mathrm{i})v - (v \cdot \mathrm{i})u \\ &= ((a_1,\ a_2,\ a_3) \cdot \mathrm{i})(b_1,\ b_2,\ b_3) - ((b_1,\ b_2,\ b_3) \cdot \mathrm{i})(a_1,\ a_2,\ a_3) \\ &= (a_1b_1 - b_1a_1,\ a_1b_2 - b_1a_2,\ a_1b_3 - b_1a_3) \\ &= \left(0,\ \begin{vmatrix} a_1 & a_2 \\ b_1 & b_2 \end{vmatrix},\ \begin{vmatrix} a_1 & a_3 \\ b_1 & b_3 \end{vmatrix}\right) \end{aligned}$$

이므로 등식이 성립한다. 같은 방법으로 $w = \mathrm{j}, \mathrm{k}$인 경우도 등식이 성립하는 것을 확인할 수 있다.

(6) 성질 (3)과 (5)를 활용하여 $(u \times v) \cdot (w \times l)$를 살펴보면

$$\begin{aligned} (u \times v) \cdot (w \times l) &= \begin{vmatrix} u \times v \\ w \\ l \end{vmatrix} = - \begin{vmatrix} w \\ u \times v \\ l \end{vmatrix} \\ &= -w \cdot ((u \times v) \times l) = -w \cdot ((u \cdot l)v - (v \cdot l)u) \\ &= (v \cdot l)(w \cdot u) - (u \cdot l)(w \cdot v) \\ &= \begin{vmatrix} u \cdot w & v \cdot w \\ u \cdot l & v \cdot l \end{vmatrix} \end{aligned}$$

로 등식이 유도된다.

(7) 성질 (6)에 $w = u$, $l = v$로 두면 유도된다.

(8) 내적의 성질에 따라 $u \cdot v = |u||v|\cos\theta$라고 두고 성질 (7)에 대입하여 구한다.

(9) O이 아닌 두 벡터 u, v에 대하여 $u\times v=O$이면 성질 (8)에 따라 $\sin\theta=0$ 이므로 두 벡터 u, v가 이루는 각이 0, π이다. 따라서 두 벡터는 평행하다. 역도 쉽게 유도된다. ■

위 정리에 따라, 평행하지 않은 두 벡터 u, v의 외적 벡터 $u\times v$의 방향은 두 벡터 u, v에 수직이며, 오른손의 검지를 벡터 u방향으로 중지를 벡터 v방향으로 두고 엄지를 검지와 중지에 수직 방향이 되도록 곧게 폈을 때 나타나는 방향인 것을 알 수 있다. 이를 오른손 규칙이라 한다. 달리 말하여 오른손에서 엄지를 제외한 네 손가락을 u방향으로 향하게 한 후 v 방향으로 감쌌을 때 엄지손가락이 가리키는 방향이 $u\times v$의 방향이다.

또한 정리 1.6(8)에 따라 외적 벡터 $u\times v$의 크기는 두 벡터가 이루는 평행사변형의 넓이이다.

연습문제 1.10 다음을 보이시오.

(1) 공간벡터 v에 대하여 $v\times v=O$이다.

(2) 공간벡터 $v=\mathrm{i}$, $w=\mathrm{i}+\mathrm{j}$, $u=\mathrm{k}$에 대하여 $(v\times w)\times u\neq v\times(w\times u)$이다.

연습문제 1.11 좌표공간 $\mathbb{R}^3$의 세 벡터 u, v, w가 서로 수직인 단위벡터이면 $\det\begin{bmatrix} u \\ v \\ w \end{bmatrix}=\pm 1$임을 보여라.

연습문제 1.12 (1) 임의의 벡터 u에 대하여 $u\cdot v=u\cdot w$이면 $v=w$임을 보이시오.

(2) 임의의 벡터 u에 대하여 $u\times v=u\times w$이면 $v=w$인가?

연습문제 1.13 좌표공간 $\mathbb{R}^3$의 두 벡터 $v=(1,1,0), w=(0,1,1)$가 이루는 평행사변형의 넓이를 구하시오.

좌표를 이용한 외적의 정의 대신 좀 더 기하적인 방법으로 외적을 정의할 수도 있다. 두 벡터 u와 v의 외적을 다음과 같이 정의하자.

정의 1.7

좌표공간 $\mathbb{R}^3$의 벡터 u, v에 대하여 외적 벡터 $u \times v$는 크기가 두 벡터 u와 v가 이루는 평행사변형의 넓이와 같고 u와 v에 수직이면서 "오른손 규칙"에 따르는 방향을 향하는 벡터이다.

이는 앞서 좌표를 이용한 외적의 정의에 따르는 성질을 정의로 채택한 것이다. 이렇게 정의한 외적이 좌표를 이용한 외적의 정의와 일치함을 설명해보자. 우선 정의 1.7로 구한 벡터를 $u \times_g v$라고 표시하고 정리 1.6의 내용을 살펴보면 (1), (4), (8), (9)가 성립함을 바로 알 수 있다. 특히,

$$\mathrm{i} \times_g \mathrm{j} = \mathrm{k},\ \mathrm{j} \times_g \mathrm{k} = \mathrm{i},\ \mathrm{k} \times_g \mathrm{i} = \mathrm{j}$$

이다. 또한 (2)의 일부인 다음 사실 역시 성립한다.

$$\text{(2-1)} \quad (cu) \times_g v = c(u \times_g v) = u \times_g (cv)$$

한편 다음의 결합법칙은 정의 1.7의 기하적 정의로부터 자명하지 않다.

$$\text{(2-2)} \quad u \times_g (v + w) = u \times_g v + u \times_g w$$

이에 대한 설명을 잠시 뒤로 미루고, 이상의 사실들을 이용하면 두 벡터 $u = (a_1, a_2, a_3)$와 $v = (b_1, b_2, b_3)$에 대하여,

$$\begin{aligned} u \times_g v &= (a_1 i + a_2 j + a_3 k) \times_g (b_1 i + b_2 j + b_3 k) \\ &= (a_1 b_1) i \times_g i + (a_1 b_2) i \times_g j + (a_1 b_3) i \times_g k + \cdots \\ &= (a_1 b_1 - b_1 a_1) i + (a_1 b_2 - b_1 a_2) j + (a_1 b_3 - b_1 a_3) k \\ &= u \times v \end{aligned}$$

이므로 두 외적의 정의는 같다.

이제 정의 1.7로부터 (2-2)를 유도해 보자.

먼저 벡터 v를 벡터 $u\,(u \neq 0)$에 관하여 성분 $\dfrac{u \cdot v}{u \cdot u}$을 구하면 벡터 $v - \left(\dfrac{u \cdot v}{u \cdot u}\right) u$는 벡터 u에 수직이다. 이 벡터를 $v^{\perp u}$라고 두면 벡터 v를 벡터 u에 관하여 다음과 같이 쓸 수 있다.

$$v = \left(\frac{u \cdot v}{u \cdot u}\right)u + v^{\perp u}$$

그러면 세 벡터 u, v, $v^{\perp u}$가 놓인 평면 위에서 벡터 u방향이 정의하는 직선을 기준으로 v와 $v^{\perp u}$가 같은 쪽에 있으므로 오른손 규칙에 따라 $u \times_g v^{\perp u}$의 방향과 $u \times_g v$의 방향이 같다. 또한, 두 벡터 u, $v^{\perp u}$가 이루는 평행사변형의 넓이와 두 벡터 u, v가 이루는 평행사변형의 넓이도 같다. 그러므로 정의 1.7에 따라

$$u \times_g v = u \times_g v^{\perp u}$$

이다.

이제 u가 단위벡터인 경우, $u \times_g v^{\perp u}$는 벡터 $v^{\perp u}$를 u방향을 축으로 시계 반대 방향으로 $\pi/2$만큼 회전한 벡터이다. 이 사실을 $v^{\perp u}$와 $w^{\perp u}$가 이루는 평행사변형 전체에 적용하면

$$u \times_g (v^{\perp u} + w^{\perp u}) = (u \times_g v^{\perp u}) + (u \times_g w^{\perp u})$$

임을 알 수 있다. 이 식은 u가 단위벡터일 때 성립하며 일반적인 경우에도 성립한다. 이상의 관찰을 적용하면

$$u \times_g (v+w) = u \times_g (v+w)^{\perp u},$$
$$u \times_g (v^{\perp u} + w^{\perp u}) = (u \times_g v^{\perp u}) + (u \times_g w^{\perp u}) = u \times_g v + u \times_g w$$

이다. 마지막으로 두 벡터 v, w에 대한 내적의 결합법칙 $(v+w) \cdot u = v \cdot u + w \cdot u$을 이용하여 등식 $(v+w)^{\perp u} = v^{\perp u} + w^{\perp u}$을 쉽게 얻을 수 있다. 따라서 (2-2)가 증명된다.

연습문제 1.14 벡터 w가 다음과 같을 때, 벡터 $v = (1,0,0)$에 대한 수직 성분 $v^{\perp w}$은?

(1) $w = (1,1,1)$

(2) $w = (1,1,0)$

(3) $w = (1,2,3)$

연습문제 1.15 각 모서리의 길이가 1인 정사면체 $ABCD$에 대하여, $(\overrightarrow{AB} \times \overrightarrow{BC}) \cdot (\overrightarrow{CD} \times \overrightarrow{DA})$의 절댓값은?

연습문제 1.16 점화식

$$v_0 = (1,\ 2,\ 3),\ v_n = \frac{1}{3}(1,\ 1,\ 1) \times v_{n-1}$$

에 의해 정의되는 벡터들의 수열 v_n에 대하여 극한

$$\sum_{n=1}^{\infty} v_n \left(:= \lim_{m \to \infty} \sum_{n=1}^{m} v_n \right)$$

은 어떤 벡터인가?

1.3 극좌표계와 구면좌표계

주어진 문제의 상황에 따라 직교좌표 대신 극좌표 또는 구면좌표로 점의 위치나 도형의 식을 표현하는 것이 적합한 경우가 있다. 다변수 함수의 미분이나 적분은 보통 직교좌표계에서 계산하므로, 극좌표계 또는 구면좌표계에서 미분, 적분의 계산 결과가 어떻게 변환되는지 알 필요가 있다.

좌표평면 $\mathbb{R}^2$의 점 $P(x,y)$는 극좌표계에서 원점으로부터의 거리 r와 x축의 양의 방향의 반직선이 원점과 점 P를 잇는 반직선과 시계 반대방향으로 이루는 각도 θ를 이용해 표현된다. 이때, (x,y)와 (r,θ)의 관계는 다음과 같다.

$$\begin{cases} x = r\cos\theta \\ y = r\sin\theta \end{cases}$$

특히 임의의 실수 θ에 대하여 극좌표 $(0,\theta)$는 직교좌표계의 원점에 해당하며, 임의의 정수 n에 대해 극좌표 $(r,\theta+2n\pi)$는 직교좌표계에서 같은 점에 해당한다.

극좌표계에서 직사각형 형태의 도형

$$r_1 \le r \le r_2,\ \ \theta_1 \le \theta \le \theta_2,\ \ |\theta_2 - \theta_1| \le 2\pi$$

은 직교좌표계에서 다음의 넓이를 가지는 도형에 대응한다.

$$\frac{1}{2}r_2^2(\theta_2-\theta_1) - \frac{1}{2}r_1^2(\theta_2-\theta_1) = \frac{r_1+r_2}{2}\Delta r \Delta\theta$$

연습문제 1.17 극좌표계에서 $r = a\sin\theta \ \ (a > 0)$로 주어지는 도형이 원을 나타내는 것을 보이시오. 또한 극좌표계에서 $r(a + b\cos\theta) = 1 \ \ (a > b)$로 주어지는 도형이 타원을 나타내는 것을 보이시오.

연습문제 1.18 극좌표계에서 (r_1, θ_1)와 (r_2, θ_2)로 주어지는 두 점 사이의 거리를 구하시오.

연습문제 1.19 극좌표계에서 (r_1, θ_1)와 (r_2, θ_2)로 주어지는 두 점과 원점에 의해 결정되는 삼각형의 넓이를 구하시오.

좌표공간 $\mathbb{R}^3$의 점 $\mathrm{P}(x,y,z)$는 구면좌표계에서 순서쌍 (ρ,θ,ϕ)로 표현되는데, 여기서 ρ는 원점으로부터 점 $\mathrm{P}(x,y,z)$까지의 거리이며, θ는 점 $\mathrm{P}(x,y,z)$를 xy평면으로 사영한 점 (x,y)의 극좌표 상의 각도이고, ϕ는 z축의 양의 방향의 반직선이 원점과 점 P를 잇는 반직선과 이루는 각도이다. 즉, 지구 표면이 구 형태라고 가정할 때 θ는 경도 정보를 알려주며, ϕ는 위도 정보를 알려준다. 이때, (x,y,z)와 (ρ,θ,ϕ)의 관계는 다음과 같다.

$$\begin{cases} x = \rho\sin\phi\cos\theta \\ y = \rho\sin\phi\sin\theta \\ z = \rho\cos\phi \end{cases}$$

또한, 구면좌표계의 각 변수는 다음 범위에 있는 것으로 생각한다.

$$\rho \geq 0, \quad 0 \leq \phi \leq \pi, \quad 0 \leq \theta < 2\pi$$

특히 함수 $\cos : [0,\pi] \to [-1,1]$는 일대일 대응이므로 역함수가 정의되고,

$$\phi = \cos^{-1}\left(\frac{z}{\sqrt{x^2+y^2+z^2}}\right)$$

로 쓸 수 있다.

연습문제 1.20 좌표공간의 원점을 지나는 평면이 구면좌표계에서 $(1, \theta_1, \phi_1)$와 $(1, \theta_2, \phi_2)$로 주어지는 두 점을 지난다. 이 평면의 방정식을 구하시오.

연습문제 1.21 원점을 중심으로 하는 구면에서 원점을 지나는 평면이 구와 만나 이루는 교선으로 주어지는 원을 대원(great circle)이라 한다. 반지름이 ρ_0인 구면 위의 두 지점 A와 B가 구면좌표계로 $\mathrm{A}\left(\rho_0, \theta_0, \frac{\pi}{6}\right)$와 $\mathrm{B}\left(\rho_0, \theta_0 + \frac{\pi}{2}, \frac{\pi}{6}\right)$로 주어졌다. 두 지점을 잇는 대원 상의 점들을 직교좌표로 표현했을 때, z좌표의 최솟값과 최댓값을 구하시오.

연습문제 1.22 지구 북반구 위의 두 지점 A와 B의 위치는 각각 (위도 α, 경도 0)과 (위도 β, 경도 $\frac{\pi}{2}$)이다. 지점 A에서 지점 B까지 두 점을 지나는 지표면 위의 대원을 따라 북반구 위를 이동하는 동안 가장 높은 위도를 지나는 순간의 경도를 γ라 할 때, $\tan\gamma$를 α와 β에 관한 식으로 표현하여라.

제2장

다변수함수

2.1 다변수함수와 그래프

여러 개의 변수에 의해 값이 결정되는 함수를 **다변수함수**라 한다. n-공간 $\mathbb{R}^n$의 영역 D상에서 정의된 다변수함수 $f : D \to \mathbb{R}$는 영역 D상의 각 점 $P = (x_1,\ x_2,\ \cdots,\ x_n)$에 대하여 함숫값 $f(P) = f(x_1,\ x_2,\ \cdots,\ x_n)$을 주는 규칙에 의하여 정의된다.

예 2.1 좌표평면상의 한 점 $(x_0,\ y_0)$을 고정하였을 때, 점 $(x,\ y)$으로부터 점 $(x_0,\ y_0)$까지의 거리함수는 다음과 같이 이변수함수로 주어진다.

$$f(x,\ y) = \sqrt{(x-x_0)^2 + (y-y_0)^2}$$

마찬가지로 좌표공간상의 한 점 $(x_0,\ y_0,\ z_0)$을 고정하였을 때, 점 $(x,\ y,\ z)$로부터 점 $(x_0,\ y_0,\ z_0)$까지 거리함수는 다음과 같이 삼변수함수로 주어진다.

$$f(x,\ y,\ z) = \sqrt{(x-x_0)^2 + (y-y_0)^2 + (z-z_0)^2}$$ ▲

예 2.2 반구 $x^2 + y^2 + z^2 = r^2,\ z > 0$의 z좌표는 x좌표와 y좌표에 의하여 결정된다. 이때, z좌표를 x와 y 두 변수에 대한 이변수함수로 볼 수 있고, 그 식은 다음과 같이 주어진다.

$$z(x,\ y) = \sqrt{r^2 - x^2 - y^2}$$

이 경우, 함수 $z(x,\ y)$의 정의역은 원의 내부 $D = x^2 + y^2 < r^2$이다. ▲

예 2.3 단가가 $a,\ b$로 정해진 두 가지 물건을 각각 $x,\ y$개를 구입한다면 총 구매금

액은 변수 x, y에 대한 함수 $f(x, y) = ax + by$로 주어진다. 만약 구입할 물건의 개수 x, y가 결정되어 있고 단가 a, b가 변동한다면 총 구매금액은 변수 a, b에 대한 함수 $g(a, b) = xa + yb$로 주어진다. 두 함수 f와 g의 식은 같아 보이지만 정의역이 다르므로 서로 다른 함수이다. ▲

예 2.4 직사각형의 가로와 세로를 각각 x, y라 하면 직사각형의 넓이는 $S(x, y) = xy$로 주어진다. 이 경우, 함수 S의 정의역은 x, $y > 0$인 제1사분면이다.

예 2.5 평면상의 점 $B = (x, y)$에 대하여 원점 O과 점 $A = (1, 0)$을 이어 만든 삼각형 OAB의 넓이를 대응시키는 대응 관계를 생각해보자. 이 대응은 '$f(x, y) = OAB$의 넓이'로 정의되는 이변수함수 $f : \mathbb{R}^2 \to \mathbb{R}$로 주어진다. 이때, 삼각형 OAB의 넓이는 $\frac{1}{2}|y|$로 주어지므로, $f(x, y) = \frac{1}{2}|y|$이며, 실질적으로는 변수 x와 무관하고 변수 y에 의해서만 함숫값이 결정됨을 알 수 있다. ▲

예 2.6 예 2.5에서 두 점의 좌표 $A = (x_1, y_1)$, $B = (x_2, y_2)$가 모두 변수로 작용하면,

$$g(x_1, y_1, x_2, y_2) = OAB\text{의 넓이}$$

로 정의되는 사변수함수 $g : \mathbb{R}^4 \to \mathbb{R}$가 주어진다. 이 함수의 식은 다음과 같다.

$$g(x_1, y_1, x_2, y_2) = \frac{1}{2}|\overrightarrow{OA} \times \overrightarrow{OB}| = \frac{1}{2}|x_1y_2 - x_2y_1|$$ ▲

다변수함수를 이해하는 좋은 방법은 일변수함수의 경우와 마찬가지로, 그 함수의 그래프를 살펴보는 것이다. 영역 $D \subset \mathbb{R}^n$상에서 정의된 다변수함수 $f : D \to \mathbb{R}$의 그래프 $\Gamma(f)$는 다음과 같은 $\mathbb{R}^{n+1}$상의 부분집합으로 주어진다.

$$\Gamma(f) = \{(x_1, \cdots, x_n, x_{n+1}) \mid x_{n+1} = f(x_1, \cdots, x_n), (x_1, \cdots, x_n) \in D\}$$

예 2.7 예 2.2에 주어진 함수 $z(x, y)$의 그래프는 다시 원래 출발점이었던 반구가 된다. 이와 같이 공간상의 곡면이 $z = f(x, y)$의 꼴로 주어지는 경우, 이 곡면은 이변수함수 $f(x, y)$의 그래프와 같다. ▲

예 2.8 예 2.3에 주어진 함수 $f(x, y) = ax + by$의 그래프는 원점을 지나는 평면으로 주어진다. 이 경우, 변수 x, y는 자연수만 가능하므로 엄밀히 말하여 이 함수의 그래프는 평면 $z = ax + by$상에 놓인 다음과 같은 격자점들의 집합이다.

$$\{(x, y, z) \in \mathbb{N} \times \mathbb{N} \times \mathbb{R} \mid z = ax + by\}$$ ▲

예 2.9 예 2.5에 주어진 함수 $f(x, y) = \frac{1}{2}|y|$의 그래프는 공간상의 도형 $2z = |y|$이다. 이 도형은 yz-평면상의 꺾인 직선 $2z = |y|$을 x축을 따라 무한히 연장하여 얻은 도형이다. 이러한 그래프의 모양은 함숫값이 변수 x에 따라 변하지 않음을 나타낸다. ▲

일변수함수의 그래프가 평면상의 곡선으로 주어지는 것에 비해, 이변수함수의 그래프는 공간상의 곡면으로 주어진다. 일반적으로 변수가 세 개 이상인 경우에는 그 함수의 그래프가 놓인 공간의 차원이 4 이상이므로 시각적으로 상상하기가 쉽지 않다. 하지만 일변수 또는 이변수인 경우에는 유추를 통해서 주어진 다변수함수의 특성을 기하적으로 파악하고자 시도할 수 있다.

대표적으로 등위면(등위선)을 살펴보는 방법이 있다. 임의의 실수 c에 대하여 함수 $f(x_1, \cdots, x_n)$의 c-등위면은 $\mathbb{R}^n$상의 도형 $f^{-1}(c)$을 의미한다. 즉,

$$f^{-1}(c) = \{(x_1, \cdots, x_n) \mid f(x_1, \cdots, x_n) = c\}.$$

예를 들어, 이변수함수 $f(x, y) = \sqrt{(x-x_0)^2 + (y-y_0)^2}$의 그래프는 다음과 같은 방정식으로 주어지는 삼차원 공간 안에 놓인 곡면이다.

$$z = \sqrt{(x-x_0)^2 + (y-y_0)^2}$$

이 경우, c-등위선은 양의 실수 c가 커짐에 따라 점점 반지름이 커지는 원으로 주어진다. 즉, 함수의 그래프를 평면 $z = c$으로 자른 절단선을 xy-평면에 정사영한 곡선이 등위선이며, 이 곡선은 $f^{-1}(c)$와 같다. 일반적으로 다음 사실이 성립함을 확인할 수 있다.

정리 2.10

함수 $f(x_1, \cdots, x_n)$의 c-등위면은 함수의 그래프를 초평면 $x_{n+1} = c$으로 자른 절단면(또는 이 절단면을 n-공간 $\{x_{n+1} = 0\}$에 정사영한 도형)과 같다.

증명 $(n+1)$-공간 $\mathbb{R}^{n+1}$ 안에서 그래프 $\Gamma(f)$와 초평면 $\{x_{n+1}=c\}$의 교집합 I는

$$I=\{f(x_1,\ \cdots,\ x_n)=x_{n+1}=c\}$$

와 같이 연립방정식의 해집합으로 주어지고, 초평면 $\{x_{n+1}=c\}$을 정사영하여 n-공간 $\{x_{n+1}=0\}$과 같게 보았을 때, 도형 I는 등위면 $f^{-1}(c)$으로 정사영된다. ■

따라서 위도(또는 높이)에 해당하는 실수 c를 변화시킬 때 절단면의 위도가 오르내리면서 함수의 그래프가 절단된 결과인 c-등위면의 형태가 변화하는 것으로 이해할 수 있다. 그 변화 양상을 살펴봄으로써 주어진 함수의 그래프의 개형, 또는 주어진 함수의 변화 양상을 파악할 수 있다.

예 2.11 예 2.1의 삼변수함수 $f(x,\ y,\ z)$의 그래프는 다음과 같이 사차원 공간상의 3차원 입체 도형으로 주어진다.

$$\left\{(x,\ y,\ z,\ w)\mid w=\sqrt{(x-x_0)^2+(y-y_0)^2+(z-z_0)^2}\right\}$$

이 도형 자체는 시각적으로 직접 볼 수 없지만, 양수 c에 대하여 이 도형의 c-등위면은 삼차원 공간상의 구가 됨을 알 수 있다. ▲

예 2.12 예 2.4에 주어진 함수 $S(x,\ y)=xy$의 그래프는 $\mathbb{R}^3$상의 곡면 $z=xy\ (x,\ y>0)$이다. 양수 c에 대하여 이 그래프의 c-등위면은 $xy=c\ (x,\ y>0)$로 주어지는 쌍곡선의 일부이다. 이는 직사각형의 넓이가 일정할 때, 가로와 세로의 길이는 서로 반비례함을 나타낸다. ▲

2.2 함수의 극한과 연속함수

n-공간의 영역 D에서 정의된 함수 $f: D\to\mathbb{R}$에 대하여 **극한**의 개념은 다음과 같이 정의된다. 점 $P\in D$의 근방에서 점 X가 P로 가까이 다가갈 때 함숫값이 l로 한없이 접근하면 함수 f는 P에서 **극한값** l을 가진다고 하고 다음과 같이 표현한다.

$$\lim_{X\to P} f(X)=l$$

여기서 '가까이 다가갈 때', '한없이'라는 표현을 엄밀하게 바꾸면, 함수 f가 P에서 극한값 l을 가지기 위한 조건은 다음과 같다.

"임의의 양수 ε에 대하여 다음 명제가 성립하도록 하는 양수 δ가 존재한다."

$$0 < |X-P| < \delta,\ X \in D \Rightarrow |f(X)-l| < \varepsilon$$ [1)]

정리 2.13

함수 f가 P에서 극한값을 가진다면, 그 극한값은 유일하다.

증명 서로 다른 두 실수 l과 l'이 P에서 f의 극한값이라 하자. $\varepsilon = \frac{1}{2}|l-l'|$이라 하면, P에 충분히 가까운 점 X에 대하여 $|f(X)-l| < \varepsilon$이고 동시에 $|f(X)-l'| < \varepsilon$이어야 하는데, 삼각부등식에 의하여

$$\begin{aligned}|l-l'| &= |l-f(X)+f(X)-l'| \\ &\le |l-f(X)| + |f(X)-l'| < \varepsilon + \varepsilon = 2\varepsilon = |l-l'|\end{aligned}$$

이므로 모순이다. ■

연습문제 2.1 극한 $\lim_{(x,\,y)\to(a,\,b)} xy = ab$을 증명하라.

연습문제 2.2 극한 $\lim_{(x,\,y)\to(0,\,0)} \frac{\sin xy}{xy} = 1$을 보이시오.

함수 $f: D \to \mathbb{R}$에 대하여 다음이 성립할 때, f가 P에서 **연속**이라고 한다.

$$\lim_{X\to P} f(X) = f(P)$$

극한의 정의에 따르면 함수 f가 P에서 연속이기 위한 필요충분조건은 다음과 같다.

"임의의 양수 ε에 대하여 다음 명제가 성립하도록 하는 양수 δ가 존재한다."

$$|X-P| < \delta,\ X \in D \Rightarrow |f(X)-f(P)| < \varepsilon$$ [2)]

---

1) 여기서 극한값 l이 함숫값 $f(P)$과 일치할 필요가 없기 때문에 $0 < |X-P|$라는 부등식을 가정하여야 한다.

2) $X=P$인 경우도 $|f(X)-f(P)| < \varepsilon$이 성립하므로, 가정에서 $0 < |X-P|$라는 부등식을 제거하여야 한다.

함수 $f: D \to \mathbb{R}$가 'D에서 연속'이라 함은, 정의역 D상의 모든 점에서 연속임을 의미한다.

연습문제 2.3 예 2.1~2.6의 함수들이 모두 연속함수임을 연속의 정의를 따라 증명하라. (정의역이 이산적인 예 2.3의 경우, $\delta = 1$로 잡으면 $|X - P| < \delta = 1$이라는 조건이 $X = P$와 동치이므로, 부등식 $|f(X) - f(P)| < \varepsilon$이 자동적으로 성립한다.)

연습문제 2.4 실수 a에 대하여 $\lfloor a \rfloor$를 a 이하인 최대의 정수로 정의할 때, 이변수 함수 $f(x, y) = \lfloor x + y \rfloor$를 생각해 보자. 이 함수가 자연수 n에 대하여 식 $x + y = n$으로 정의되는 직선상의 점에서 불연속임을 증명하라.

연습문제 2.5 함수 $f: \mathbb{R}^2 \to \mathbb{R}$가 다음과 같이 주어졌을 때 $(0, 0)$에서 불연속임을 증명하라.

$$f(x, y) = \begin{cases} \dfrac{x^2 - y^2}{x^2 + y^2} & (x, y) \neq (0, 0) \\ 0 & (x, y) = (0, 0) \end{cases}$$

연습문제 2.6 다음과 같이 정의된 함수 $f: \mathbb{R}^2 \to \mathbb{R}$가 $(0, 0)$에서 불연속임을 증명하라.

$$f(x, y) = \begin{cases} \dfrac{xy^2}{x^2 + y^4}, & (x, y) \neq (0, 0) \\ 0, & (x, y) = (0, 0) \end{cases}$$

연습문제 2.7 다음과 같이 정의된 함수 $f: \mathbb{R}^2 \to \mathbb{R}$가 좌표평면의 모든 점에서 연속임을 보이시오.

$$f(x, y) := \min\{x, y\}$$

정리 2.14

영역 $D \subset \mathbb{R}^n$에서 정의된 두 함수 $f, g: D \to \mathbb{R}$와 실수 c에 대하여,

(1) f가 P에서 연속이면 cf도 P에서 연속이다.

(2) f와 g가 P에서 연속이면 $f + g$와 fg도 P에서 연속이다.

(3) f가 P에서 연속이고 $f(P) \neq 0$이면 $1/f$도 P에서 연속이다.

연습문제 2.8 정리 2.14를 증명하라.

따름정리 2.15

(1) 변수 $x_1, \cdots, x_n$에 대한 다항식으로 주어지는 다항함수 $p(x_1, \cdots, x_n)$는 공간 $\mathbb{R}^n$ 전체에서 연속이다.

(2) 두 다항함수 $p(x_1, \cdots, x_n)$와 $q(x_1, \cdots, x_n)$의 몫으로 주어지는 유리함수 p/q는 이 함수가 정의되는 영역 $q(x_1, \cdots, x_n) \neq 0$상에서 연속이다.

정리 2.16

영역 $D \subset \mathbb{R}^n$에서 정의된 연속함수 $f : D \to \mathbb{R}$와 연속함수 $g : \mathbb{R} \to \mathbb{R}$의 합성으로 주어진 함수 $g \circ f : D \to \mathbb{R}$는 연속이다.

증명 임의의 점 $P \in D$에서 $g \circ f$가 연속임을 보이면 된다. 함수 g가 $f(P)$에서 연속이므로 임의의 양수 ε에 대하여

$$|Y - f(P)| < \delta \Rightarrow |g(Y) - g(f(P))| < \varepsilon$$

이 성립하도록 하는 양수 δ가 존재한다. 또한 f가 P에서 연속이므로 $|X - P| < \delta_1 \Rightarrow |f(X) - f(P)| < \delta$가 성립하도록 하는 양수 δ_1가 존재한다. 따라서, 다음 명제가 성립한다.

$$|X - P| < \delta_1,\ X \in D \Rightarrow |f(X) - f(P)| < \delta \Rightarrow |g(f(X)) - g(f(P))| < \varepsilon$$

■

2.3 최대·최솟값 정리

이 절에서는 다변수함수에 대한 최대·최솟값 정리를 살펴보고자 한다. 이미 알고 있는 일변수함수에 대한 최댓값 정리는 다음과 같다.

정리 2.17

폐구간에서 정의된 연속함수 $f:[a, b] \to \mathbb{R}$는 최댓값을 가진다. 즉, 모든 $x \in [a, b]$에 대하여 $f(x) \le f(c)$인 점 $c \in [a, b]$이 존재한다.

이 정리가 성립하기 위하여 함수의 연속성 이외에도 정의역에 대한 조건이 가정되어야 한다. 여기서 폐구간 $[a, b]$은 유계이면서 닫힌 집합의 대표적인 예이다.

공간 $\mathbb{R}^n$상의 점 P와 양수 r에 대하여 $B_r(P) = \{Q \in \mathbb{R}^n : |P-Q| < r\}$을 중심이 P이고 반지름이 r인 **열린 공**이라고 한다. 열린 공의 경계까지를 포함하는 $\overline{B_r}(P) = \{Q \in \mathbb{R}^n : |P-Q| \le r\}$을 중심이 P이고 반지름이 r인 **닫힌 공**이라고 한다.

n-공간 $\mathbb{R}^n$의 점들로 이루어진 점열 $\{X_k \in \mathbb{R}^n : k \in \mathbb{N}\}$이 $\lim\limits_{k \to \infty} |X_k - P| = 0$을 만족할 때 이 점열이 극한 P로 수렴한다고 한다. 이 조건은 다음과 같이 표현될 수 있다.

> "임의의 양수 ε에 대하여 $k \ge N \Rightarrow |X_k - P| < \varepsilon$, 즉 $k \ge N \Rightarrow X_k \in B_\varepsilon(P)$ 가 성립하도록 하는 자연수 N이 존재한다."

공간 $\mathbb{R}^n$의 부분집합(또는 영역) A에 대하여, A의 각 점 P에 대하여 열린 공 $B_r(P)$이 A에 포함되도록 하는 적당한 양의 실수 r이 존재하면 A를 공간 $\mathbb{R}^n$의 열린 집합(열린 영역)이라고 한다. 공간 $\mathbb{R}^n$의 부분집합(또는 영역) D에 대하여, 여집합 D^c가 열린 집합(열린 영역)일 때 D를 공간 $\mathbb{R}^n$의 닫힌 집합(닫힌 영역)이라고 한다. 공간 $\mathbb{R}^n$상의 영역 D이 닫힌 집합인 조건과 영역 D의 점열 $\{X_k \in D : k \in \mathbb{N}\}$이 수렴할 때마다 극한 $\lim\limits_{k \to \infty} X_k$이 D 안에 있는 조건은 동치이다(부록 보조정리 2.25).

공간 $\mathbb{R}^n$상의 영역 D이 공집합이 아닌 두 **열린 영역**으로 분할될 수 없을 때 영역 D를 **연결 영역**이라 한다. 여기서 "공집합이 아닌 두 열린 영역으로 분할된다"는 것은 공집합이 아닌 두 열린 영역 A, B에 대하여 $A \cap D \neq \varnothing$, $B \cap D \neq \varnothing$이고 $(A \cap D) \cup (B \cap D) = D$, $(A \cap D) \cap (B \cap D) = \varnothing$인 것을 의미한다.

공간 $\mathbb{R}^n$상의 영역 D가 **유계**라 함은, 영역 D가 원점을 중심으로 하는 충분히 큰 공 $B_r(O) = \{X \in \mathbb{R}^n : |X| < r\}$의 내부에 포함되는 것을 의미한다. 공간 $\mathbb{R}^n$상의 영역 D가 유계인 닫힌 집합일 때, D를 **컴팩트**라고 한다.

예 2.18 닫힌 공 $\overline{B_r}(P)=\{X\in\mathbb{R}^n : |X-P| \le r\}$은 컴팩트다. 닫힌 공이 유계임은 삼각부등식으로 쉽게 보일 수 있다. 이제 $\overline{B_r}(P)$의 점열 $\{X_k\}$을 생각하자. 이 수열이 Q로 수렴함을 가정하고 $Q\in\overline{B_r}(P)$임을 보이면 $\overline{B_r}(P)$이 닫혀 있음이 증명된다. 먼저 임의의 k에 대하여 다음 부등식이 성립한다.

$$|Q-P| \le |Q-X_k| + |X_k-P|$$

여기서, $\lim_{k\to\infty}|Q-X_k| = 0$임을 이용하면 우변의 $|Q-X_k|$는 k를 크게 하여서 임의로 작은 양수가 되도록 할 수 있으므로, $|Q-P| \le r$임을 알 수 있다. 즉 Q는 $\overline{B_r}(P)$의 점이고 따라서 $\overline{B_r}(P)$는 닫힌 집합이다. 결론적으로 $\overline{B_r}(P)$는 유계인 닫힌 집합이므로 컴팩트다. ▲

연습문제 2.9 닫힌 상자 $[x_1, y_1]\times[x_2, y_2]\times\cdots\times[x_n, y_n]$가 컴팩트임을 보여라.

정리 2.19 최대·최솟값 정리

컴팩트인 영역 $D\subset\mathbb{R}^n$에서 정의된 연속함수 $f: D\to\mathbb{R}$는 최댓값과 최솟값을 가진다. 즉, 모든 $X\in D$에 대하여 $f(X)\le f(P)$인 점 P와 모든 $X\in D$에 대하여 $f(X)\ge f(Q)$인 점 Q가 D 안에 있다.

이를 증명하기 위하여 우선 $\mathbb{R}^n$의 점열에 대한 볼차노-바이어슈트라스(Bolzano-Weierstrass) 정리를 살펴보자.

보조정리 2.20 볼차노-바이어슈트라스 정리

유계인 영역 $D\subset\mathbb{R}^n$의 점열 $\{X_k : k\in\mathbb{N}\}$이 주어지면, 수렴하는 부분점열 $\{X_{k_i} : k_i\in\mathbb{N}\}$이 존재한다.

증명 영역 D가 유계이므로, 충분히 큰 상자

$$B_1 = \underbrace{[-r, r]\times\cdots\times[-r, r]}_{n}$$

안에 들어간다. 각 좌표에 대하여 2등분하여 전체 상자를 2^n개의 부분상자로 나누었을 때, 무한히 많은 점 X_k들을 포함하는 부분상자가 있어야 한다. 이를 B_2라 하면, 다시 B_2를 2^n개의 부분상자로 나누는 작업을 시행하여 무한히 많은 점 X_k들을 포함하는 부분상자 B_3를 잡을 수 있다. 이를 귀납적으로 반복하여 상자들의 열 $\{B_k : k \in \mathbb{N}\}$을 얻을 수 있다.

이제 상자 B_1에 속하는 점을 하나 선택하여 $X_{n_1} \in B_1$이라 하고, 상자 B_2에 속하는 점 X_{n_2}를 선택하되, $n_2 > n_1$이 되도록 한다. 또한, 상자 B_3에 속하는 점 X_{n_3}를 선택하되, $n_3 > n_2$가 되도록 하고, 이를 귀납적으로 반복하여 부분점열 $\left\{X_{k_i} : i \in \mathbb{N}\right\}$을 정의할 수 있다. 이때, 이 부분점열의 각 좌표가 **코시수열**이 됨을 알 수 있고 따라서 수렴한다.[3) ■

증명 **[정리 2.19]** 먼저, 함수 f의 치역 $f(D) = \{f(X) | X \in D\}$이 유계임을 보이자. 이를 부정하여 유계가 아니라고 하면, 각 자연수 $k \geq 1$에 대하여 $|f(X_k)| \geq k$가 성립하는 D의 점열 $\{X_k\}$을 귀납적으로 구성할 수 있다.

D가 유계이므로 보조정리 2.20에 의하여, 수렴하는 부분수열 $\left\{X_{k_i} | i \in \mathbb{N}\right\}$이 존재한다. 이 부분수열의 극한을 P라 하면, 함수의 연속성에 의하여 $\lim\limits_{i \to \infty} |f(X_{k_i}) - f(P)| = 0$이다. 따라서 실수의 부분집합 $\{|f(X_{k_i}) - f(P)| : i \in \mathbb{N}\}$은 유계이다. 또한

$$|f(X_{k_i})| \leq |f(X_{k_i}) - f(P)| + |f(P)|$$

이므로, 집합 $\{|f(X_{k_i})| : i \in \mathbb{N}\}$은 유계이다. 이는 $|f(X_{k_i})| \geq k_i \geq i$ 임에 모순이다. 따라서 치역 $f(D)$은 유계이다.

치역 $f(D)$이 유계인 실수의 부분집합이므로, 최소상계[4) $M = \sup\{f(X) : X \in D\}$이 존재한다. 이 최소상계 M이 실제로 $f(D)$에 포함됨을 보이면 M이 함수 f의 최댓값임이 증명된다. 최소상계의 정의에 따라, $\lim\limits_{k \to \infty} f(Y_k) = M$이 되는 D의 점열 $\{Y_k\}$이 존재한다. 보조정리 2.20에 의하여, 수렴하는 부분수열 $\left\{Y_{k_i} : i \in \mathbb{N}\right\}$이 존재한다. 이 점열이 수렴하는 점을 Q라 하자. 가정에 의하여 D

---

3) 이 코시수열의 수렴성은 실수의 완비성에 근거한다.

4) 실수의 부분집합이 유계일 때, 상계(하계) 중 최소인 상계를 최소상계라 한다. 마찬가지로 유계인 부분집합의 하계 중 최대인 하계를 최대하계라 한다.

는 닫힌 집합이므로, Q는 D의 점이다. 함수 f가 연속이므로 $M = \lim_{i\to\infty} f(Y_{k_i})$ $= f(Q)$이다. 따라서 f는 D 안의 점에서 최댓값을 갖는다.

같은 방법으로 최대하계 $m = \inf\{f(X) : X \in D\}$가 존재하고 최솟값임을 보일 수 있다. ■

연습문제 2.10 n−공간의 컴팩트인 영역 D와 점 P에 대하여 거리함수 $d : D \to \mathbb{R}$가 $d(X) = |X - P|$로 정의되었을 때, 최댓값과 최솟값을 가짐을 보여라.

컴팩트 영역에서 정의된 일변수함수는 균등연속임을 알고 있다. 이는 다변수함수의 경우에도 성립하며, 증명의 아이디어도 같다.

정리 2.21

컴팩트인 영역 $D \subset \mathbb{R}^n$에서 정의된 연속함수 $f : D \to \mathbb{R}$는 **균등연속**이다. 즉, 임의의 양수 ε에 대하여 다음이 성립하도록 하는 양수 δ가 존재한다.

$$X, Y \in D\text{이고 } |X - Y| < \delta\text{이면 } |f(X) - f(Y)| < \varepsilon$$

증명 이를 부정하여 f가 균등연속이 아니라고 가정하면 어떤 양수 ε_0와 다음 두 조건을 만족하는 D의 점열 $\{X_n\}$, $\{Y_n\}$이 존재한다.

(i) 임의의 n에 대하여 $|X_n - Y_n| < \dfrac{1}{n}$

(ii) 임의의 n에 대하여 $|f(X_n) - f(Y_n)| \geq \varepsilon_0$

D가 컴팩트이므로 유계이고, 따라서 볼차노-바이어슈트라스 정리에 의하여 점열 $\{X_n\}$의 수렴하는 부분점열 $\{X_{n_k}\}$이 있고, 그 극한 X는 D 안의 점이다. $\widetilde{X_k} = X_{n_k}$, $\widetilde{Y_k} = Y_{n_k}$로 둔 후 다시 볼차노-바이어슈트라스 정리를 적용하면 점열 $\{\widetilde{Y_k}\}$의 부분점열 $\{\widetilde{Y_{k_l}}\}$이 있어서 D상의 점 Y로 수렴한다. 그러면

$$\lim_{l\to\infty} \widetilde{X_{k_l}} = X, \quad \lim_{l\to\infty} \widetilde{Y_{k_l}} = Y$$

이므로 f의 연속성과 (i)에 의하여 $f(X) = f(Y)$이지만 (ii)에 의하여 $f(X) \neq f(Y)$이다. 이는 모순이며, 따라서 f는 균등연속이다. ■

균등연속 개념의 의미를 복습해보자. 함수 $f: D \to \mathbb{R}$가 균등연속이라 함은 정리 2.21에 설명한 바와 같이 함숫값 $f(X)$을 주어진 오차범위 ε 안으로 $f(P)$에 근사시키기 위한 정의역의 범위 $|X-P|<\delta$를 정할 때, δ를 점 P와 무관하게 선택할 수 있다는 것이다. 위 정리에서 살펴본 바에 따르면 컴팩트 영역 D에서 정의된 연속함수는 균등연속이다.

반면, 컴팩트가 아닌 양의 실수 범위에서 정의된 함수 $f(x)=x^2$의 경우에는 큰 양수 x_0에 대해 $f(x) \in (f(x_0)-\varepsilon,\ f(x_0)+\varepsilon)$이려면 $x \in (\sqrt{x_0^2-\varepsilon},\ \sqrt{x_0^2+\varepsilon})$이어야 하므로 δ는 다음 부등식을 만족해야 한다.

$$\delta < \sqrt{x_0^2+\varepsilon}-x_0 = \frac{\varepsilon}{\sqrt{x_0^2+\varepsilon}+x_0} < \frac{\varepsilon}{2x_0}$$

그러므로 x_0가 커질수록 δ가 작아져야만 원하는 오차범위 내의 함숫값을 얻을 수 있다. 마찬가지로 컴팩트가 아닌 구간 $(0,1]$ 위에서 정의된 함수 $f(x)=\dfrac{1}{x}$의 경우, x가 원점에 가까워질수록 δ가 점점 작아져야만 원하는 오차범위 내의 함숫값을 얻을 수 있음을 확인할 수 있다. (이와 같이 δ를 점에 의존하여 선택해야 하는 경우는 균등연속이 아니다.) 이로부터 연속함수의 정의역이 유계가 아니거나 닫혀 있지 않은 경우에는 균등연속이 아닐 수 있음을 알 수 있다.

연습문제 2.11 함수 $f:[0,1]\times[0,1] \to \mathbb{R}$가 다음과 같이 주어졌을 때 함수 f가 균등연속임을 보여라.

$$f(x,y)=\begin{cases} \dfrac{x^2-y^2}{\sqrt{x^2+y^2}} & (x,y)\neq(0,0) \\ 0 & (x,y)=(0,0) \end{cases}$$

부록

n차원 유클리드 공간

다변수함수의 정의역을 이루는 변수의 개수는 임의로 많아질 수 있다. 변수가 1개, 2개 또는 3개인 경우를 일반화하여, 독립변수 n개인 경우를 다루기 위한 공간이 n차원 **유클리드 공간** $\mathbb{R}^n$이다. n-공간 $\mathbb{R}^n$의 점은 n개의 실수 순서쌍 $(a_1, a_2, \cdots, a_n)$으로 표현된다. 즉,

$$\mathbb{R}^n = \{(a_1, a_2, \cdots, a_n) \mid a_1, \cdots, a_n \in \mathbb{R}\}.$$

$n=2$ 또는 3인 경우와 마찬가지로 n차원 공간의 점을 벡터로 이해할 수 있다. 이로부터 상수곱 및 벡터의 합과 차가 다음과 같이 정의된다.

$$c(a_1, a_2, \cdots, a_n) = (ca_1, ca_2, \cdots, ca_n), \ c \in \mathbb{R}$$
$$(a_1, a_2, \cdots, a_n) \pm (b_1, b_2, \cdots, b_n) = (a_1 \pm b_1, a_2 \pm b_2, \cdots, a_n \pm b_n)$$

공간 $\mathbb{R}^n$상의 벡터의 내적과 벡터의 크기는 다음과 같이 정의된다.

$$(a_1, a_2, \cdots, a_n) \cdot (b_1, b_2, \cdots, b_n) = a_1b_1 + a_2b_2 + \cdots a_nb_n$$
$$|(a_1, a_2, \cdots, a_n)| = \sqrt{(a_1, a_2, \cdots, a_n) \cdot (a_1, a_2, \cdots, a_n)} = \sqrt{a_1^2 + a_2^2 + \cdots + a_n^2}$$

이로부터 점 $P(p_1, \cdots, p_n)$와 $Q(q_1, \cdots, q_n)$ 사이의 거리는 다음과 같이 정의된다.

$$|P-Q| = \sqrt{(p_1-q_1)^2 + \cdots + (p_n-q_n)^2}$$

위에 정의된 거리에 대하여 다음과 같은 삼각부등식이 성립한다.

정리 2.22

세 점 $P, Q, R \in \mathbb{R}^n$에 대하여 $|P-R| \le |P-Q| + |Q-R|$이다.

증명 우선 $X = P - R$, $Y = P - Q$, $Z = Q - R$로 놓으면 $X = Y + Z$이므로, $|Y + Z| \leq |Y| + |Z|$임을 보이면 된다. 이는 양변을 각각 제곱한 부등식과 동치이며, 정리하면 다음의 부등식 $|Y \cdot Z| \leq |Y||Z|$과 같다. ■

보조정리 2.23 코시-슈바르츠 부등식

임의의 $Y, Z \in \mathbb{R}^n$에 대하여 $|Y \cdot Z| \leq |Y||Z|$가 성립한다.

증명 실수 t에 대한 다음 이차함수를 생각해 보자.

$$h(t) = (Y + tZ) \cdot (Y + tZ) = |Y|^2 + 2(Y \cdot Z)t + |Z|^2 t^2$$

내적의 정의에 따라 $(Y + tZ) \cdot (Y + tZ) = |Y + tZ|^2$이므로, $h(t)$는 t의 값에 관계없이 항상 0 이상이다. 따라서 판별식 $(Y \cdot Z)^2 - |Y|^2|Z|^2$은 0 이하이어야 하고, 이로부터 주어진 부등식이 얻어진다. ■

보조정리 2.24

공간 $\mathbb{R}^n$의 점열 $\{X_k\}$이 수렴할 필요충분조건은 각 성분에 대한 n개의 수열이 모두 수렴하는 것이다. 수렴하는 경우, 극한 $\lim_{k \to \infty} X_k$의 i성분은 X_k의 i성분의 극한과 같다.

증명 $X = (x_1, \cdots, x_n)$, $Y = (y_1, \cdots, y_n)$일 때 각각의 i에 대하여

$$|x_i - y_i| \leq |X - Y| \leq \sum_{i=1}^{n} |x_i - y_i|$$

이 성립한다. 이로부터 원하는 결과를 얻는다. ■

보조정리 2.25

공간 $\mathbb{R}^n$의 영역 D이 닫힌 집합일 필요충분조건은 영역 D의 점열 $\{X_k \in D : k \in \mathbb{N}\}$이 수렴할 때마다 극한 $\lim_{k \to \infty} X_k$이 D 안에 있는 것이다.

증명 공간 $\mathbb{R}^n$의 영역 D이 닫힌 영역이라고 가정하고 영역 D의 점열 $\{X_k \in D :$

$k \in \mathbb{N}\}$가 점 P에 수렴한다고 할 때 P가 D의 원소임을 보인다. 점 P가 D의 원소가 아니라고 가정하면 D^c이 열린 영역이므로 양수 r이 존재하여 $B_r(P) \subset D^c$이다. 점열 $\{X_k \in D : k \in \mathbb{N}\}$이 P에 수렴하므로 r에 대하여 $k > N_0$이면 $X_k \in B_r(P)$가 성립하도록 하는 충분히 큰 자연수 N_0가 존재한다. 따라서 X_k $(k > N_0)$는 D의 원소이면서 D^c의 부분집합 $B_r(P)$에 포함되므로 모순이다. 따라서 점열 $\{X_k \in D : \ k \in \mathbb{N}\}$의 극한 P는 D의 원소이다.

영역 D의 점열 $\{X_k \in D : k \in \mathbb{N}\}$이 수렴할 때마다 극한 $\lim_{k \to \infty} X_k$이 D 안에 있다고 가정하고 영역 D^c이 열린 영역임을 보인다. 영역 D^c이 열린 영역이 아니라고 하면 D^c의 점 Q에 대하여 모든 자연수 n에 대하여 Q를 중심으로 하는 열린 공 $B_{\frac{1}{2^n}}(Q)$는 D의 원소를 포함한다. 이 원소들을 Y_n으로 두면 D^c의 점 Q로 수렴하는 D의 점열 $\{Y_k \in D : k \in \mathbb{N}\}$이 되어 주어진 가정에 모순이다. 따라서 영역 D^c이 열린 영역이며 D는 닫힌 영역이다. ■

제3장

편도함수와 방향 미분

우리는 실수의 열린 구간에서 정의된 실변수함수의 미분가능성과 도함수를 정의하기 위하여 함수의 변화율을 정의하고 그 극한값에 해당하는 순간변화율의 존재성을 살펴본다. 실수의 열린 구간에 정의되는 함수의 순간변화율을 가늠하기 위하여 선택되는 정의역의 극한값의 경로가 좌극한과 우극한으로 단순화될 수 있는 반면, 이차원 이상의 n-공간 $\mathbb{R}^n$의 열린 집합 U에서 정의된 n-변수함수의 순간변화율을 살펴보기 위한 정의역의 극한값의 경로는 매우 다양하다. 이러한 차이 때문에 n-변수함수의 미분가능성과 도함수는 일변수함수의 정의의 확장이면서 여러 가지 유의할 점들이 있음을 기억하여야 한다.

3.1 방향 미분과 그래디언트 벡터

미분적분학 과정에서, 실수의 개구간 I에 정의된 함수 $f : I \to \mathbb{R}$에 대하여 구간에 포함된 한 점 $x = a$에서 주어진 함수 f의 변화율 $\dfrac{f(a+h)-f(a)}{h}$의 극한값이 존재할 때, 이를 f가 점 $x = a$에서 미분가능하다고 하고 이 값을 f의 점 $x = a$에서 **순간변화율** 또는 **미분계수**라고 한다.

2차원 유클리드 공간 $\mathbb{R}^2$의 열린 집합 U에 정의된 이변수함수 $f(x,\ y)$를 생각하면 집합 U의 한 점 $(a,\ b)$에서 $y = b$를 따라 정의된 함수 $f(x,\ b)$는 일변수함수로 $x = a$에서 순간변화율이 존재할 때 이를 함수 $f(x,\ y)$의 $(a,\ b)$에서 **x 방향 편미분**이라고 하고 $\dfrac{\partial f}{\partial x}(a,\ b)$라고 나타낸다.

$$\frac{\partial f}{\partial x}(a,\ b) := \frac{d}{dx}\bigg|_{x=a} f(x,\ b) = \lim_{h\to 0}\frac{f(a+h,\ b)-f(a,\ b)}{h}$$

같은 방법으로 $x = a$를 따라 정의된 함수 $f(a,\ y)$는 일변수함수의 $y = b$에서 순간변화율이 존재할 때 $f(x,\ y)$의 $(a,\ b)$에서 **y방향 편미분**이라고 하고 $\dfrac{\partial f}{\partial y}(a,\ b)$라고 나타낸다.

일반적으로 n-공간 $\mathbb{R}^n$의 열린 집합 U에 정의된 n-변수함수 $f(x_1,\ x_2,\ \cdots,\ x_n)$를 생각할 때, 주어진 자연수 k $(1 \le k \le n)$에 대하여 집합 U의 한 점 $P = (a_1,\ a_2,\ \cdots, a_n)$에서 $x_i = a_i$ $(i \ne k,\ 1 \le i \le n)$로 주어지는 x_k좌표축과 나란한 직선 위에 정의된 함수 $f(a_1,\ \cdots,\ x_k,\ \cdots,\ a_n)$는 일변수함수로, $x_k = a_k$에서 순간변화율이 존재할 때 이를 함수 $f(x_1,\ x_2,\ \cdots,\ x_n)$의 $P = (a_1,\ a_2,\ \cdots,\ a_n)$에서 **$x_k$방향 편미분**이라고 하고 $\dfrac{\partial f}{\partial x_k}(P)$ (또는 $D_k f(P)$, $f_{x_k}(P)$)라고 나타낸다.

$$\frac{\partial f}{\partial x_k}(P) := \left.\frac{d}{dx_k}\right|_{x_k = a_k} f(a_1,\ \cdots,\ x_k,\ \cdots,\ a_n)$$

같은 방법으로 n-공간 $\mathbb{R}^n$의 0이 아닌 임의의 벡터 v에 대하여, 함수 $f(x_1,\ x_2,\ \cdots,\ x_n)$를 P점을 지나는 직선 $P+tv$ $(t \in \mathbb{R})$ 위의 일변수함수 $f(P+tv)$로 생각하고 $t=0$에서의 순간변화율을 정의할 수 있다. 이에 따라 다음과 같이 방향 미분을 정의한다.

정의 3.1 방향 미분

n-공간 $\mathbb{R}^n$의 열린 집합 U에 정의된 n-변수함수 $f(x_1,\ x_2,\ \cdots,\ x_n)$에 대하여, 집합 U의 한 점 P에서 n-벡터 $v(\ne 0)$방향으로 함수 $f(x_1,\ x_2,\ \cdots,\ x_n)$의 변화율에 관한 극한값

$$\lim_{t\to 0}\frac{f(P+tv)-f(P)}{t}$$

이 존재할 때, 이 극한값을 함수 f의 P에서 v방향으로 **순간변화율** 또는 **v방향 미분계수**라고 하고 $D_v f(P)$라고 쓴다. U의 모든 점에서 v방향 미분계수가 존재할 때, U의 각 점에 대하여 주어진 v방향 미분계수를 함숫값으로 하는 함수를 함수 f의 **v방향 방향도함수**라고 하고 $D_v f : U \to \mathbb{R}$라고 쓴다. 특히 표준 단위벡터에 대한 방향도함수를 **편도함수**라 하고 e_i방향 편도함수를 $D_i f$로 쓴다.

n-공간 $\mathbb{R}^n$의 좌표 $(x_1,\ x_2,\ \cdots,\ x_n)$에 대하여 좌표 $x_k(1 \le k \le n)$방향 단위벡터를

e_k라고 할 때 n-변수함수 $f(x_1, x_2, \cdots, x_n)$의 e_k방향 미분은 x_k변수 편미분과 같음을 알 수 있다.

$$D_{e_k} f(P) = \frac{\partial f}{\partial x_k}(P)$$

정리 3.2 방향 미분의 성질

n-공간 $\mathbb{R}^n$의 열린 집합 U에 정의된 함수 f, g가 U의 한 점 P에서 v방향 미분이 존재할 때 다음 성질을 갖는다.

(1) 임의의 실수 c에 대하여 $D_{cv} f(P) = cD_v f(P) = D_v(cf)(P)$

(2) $D_v(f+g)(P) = D_v f(P) + D_v g(P)$

(3) $D_v(fg)(P) = D_v f(P) g(P) + f(P) D_v g(P)$

(4) $g(P) \neq 0$일 때, $D_v\left(\frac{f}{g}\right)(P) = \frac{D_v f(P) g(P) - f(P) D_v g(P)}{(g(P))^2}$

증명 (2), (3), (4)는 미분의 기본적인 성질로부터 간단하게 유도된다.

(1) 실수 c가 0이면 자명하므로 $c \neq 0$이라고 할 때

$$\begin{aligned} D_{cv} f(P) &= \lim_{t \to 0} \frac{f(P+tcv) - f(P)}{t} \\ &= \lim_{t \to 0}\left(c \cdot \frac{f(P+tcv) - f(P)}{ct}\right) = cD_v f(P) \end{aligned}$$

이고

$$\begin{aligned} cD_v f(P) &= c \cdot \lim_{t \to 0} \frac{f(P+tv) - f(P)}{t} \\ &= \lim_{t \to 0} \frac{cf(P+tv) - cf(P)}{t} = D_v(cf)(P). \end{aligned}$$

■

예 3.3 $\mathbb{R}^3$에 정의된 함수 $f(x_1, x_2, x_3) = x_1^2 + x_2^2 + x_3^2$를 생각할 때, 점 $P = (1, 2, 3)$에서 편미분계수 $\frac{\partial f}{\partial x_i}(P)$ $(i = 1, 2, 3)$를 구하면 $\frac{\partial f}{\partial x_i} = 2x_i$이므로 $\frac{\partial f}{\partial x_1}(P) = 2$, $\frac{\partial f}{\partial x_2}(P) = 4$, $\frac{\partial f}{\partial x_3}(P) = 6$이다. 임의의 방향 $v = (a, b, c)$으로 함수 f의 방향 미분계수 $D_v f(P)$를 구하면

$$
\begin{aligned}
D_{(a,\,b,\,c)}f((1,\ 2,\ 3)) &= \lim_{t\to 0}\frac{f((1,\ 2,\ 3)+t(a,\ b,\ c))-f((1,\ 2,\ 3))}{t} \\
&= \lim_{t\to 0}\frac{(1+at)^2+(2+bt)^2+(3+ct)^2-14}{t} \\
&= 2a+4b+6c
\end{aligned}
$$

이며

$$
\begin{aligned}
D_v f(P) &= a\frac{\partial f}{\partial x_1}(P)+b\frac{\partial f}{\partial x_2}(P)+c\frac{\partial f}{\partial x_3}(P) \\
&= (a,\ b,\ c)\bullet\left(\frac{\partial f}{\partial x_1}(P),\ \frac{\partial f}{\partial x_2}(P),\ \frac{\partial f}{\partial x_3}(P)\right)
\end{aligned}
$$

가 성립함을 알 수 있다. ▲

연습문제 3.1 $\mathbb{R}^3$에서 정의된 함수 $f(x,\ y,\ z)=x^4-y^4+z^4$에 대하여, 점 $P=(1,\ 1,\ 0)$에서 방향 미분 $D_v f(P)=0$이 되는 방향 $v=(v_1,\ v_2,\ v_3)$을 모두 구하라.

연습문제 3.2 좌표평면 $\mathbb{R}^2$에서 함수 f를 다음과 같이 정의하였다.

$$
f(x,\ y)=\begin{cases} 1, & xy=0 \\ 0, & xy\neq 0 \end{cases}
$$

(1) 원점 O에서 편미분 $D_1 f(O)$와 $D_2 f(O)$이 존재함을 보이고 그 값을 구하시오.

(2) 표준 단위벡터 e_1 또는 e_2와 평행하지 않은 임의의 영이 아닌 벡터 $v\in\mathbb{R}^2$에 대해 방향미분 $D_v f(O)$이 존재하지 않음을 보이시오.

앞의 예를 통하여 임의의 방향에 대한 함수의 방향 미분계수가 편미분계수들의 벡터와 방향벡터의 내적으로 표현되는 것을 예상할 수 있다.

정의 3.4 **그래디언트 벡터**

n-공간 $\mathbb{R}^n$의 열린 집합 U에 정의된 함수 $f(x_1,\ x_2,\ \cdots,\ x_n)$에 대하여, 집합 U의 한 점 P에서 모든 편미분계수가 존재할 때, 함수 f가 점 P에서 편미분가능하다고 한다. 이때 다음과 같이 정의된 편미분계수들의 벡터 $\text{grad}(f)(P)$ (또는 $\nabla f(P)$)를 함수 f의 점 P에서 **그래디언트 벡터**라고 한다.

$$\text{grad}(f)(P) := \left(\frac{\partial f}{\partial x_1}(P),\ \cdots,\ \frac{\partial f}{\partial x_n}(P)\right)$$

함수 f가 U의 모든 점에서 편미분가능할 때 f가 U에서 편미분가능하다고 하고, 각 점에서 구해진 함수 f의 그래디언트 벡터를 값으로 하는 벡터함수

$$\text{grad}(f) := \left(\frac{\partial f}{\partial x_1},\ \cdots,\ \frac{\partial f}{\partial x_n}\right)$$

(또는 ∇f)를 함수 f의 **그래디언트**라고 한다.

n-공간 $\mathbb{R}^n$에 주어진 한 점 $P=(a_1,\ \cdots,\ a_n)$에 대하여 주어진 함수

$$f(x_1,\ \cdots,\ x_n) := \sum_{k=1}^{n}(x_k - a_k)^2$$

의 그래디언트를 구하면 $\nabla f = (2(x_1 - a_1),\ \cdots,\ 2(x_n - a_n))$이다. 여기서 n-공간의 좌표벡터를 $X=(x_1,\ \cdots,\ x_n)$라고 두면 $\nabla f = 2(X-P)$로 표시된다.

예 3.5 함수 $f(x,\ y,\ z) = e^{x^2+y^2+z^2}$의 그래디언트를 구하면 $\nabla f = \left(2xe^{x^2+y^2+z^2},\ 2ye^{x^2+y^2+z^2},\ 2ze^{x^2+y^2+z^2}\right)$이므로 점 $P=(1,\ 0,\ -1)$에서 그래디언트 벡터를 구하면 $\text{grad}(f)(P) := (2e^2,\ 0,\ -2e^2)$이다. ▲

연습문제 3.3 (1) 함수 $f(x,\ y,\ z) = \sin xyz$에 대하여 점 $P = \left(0,\ 1,\ -\frac{\pi}{4}\right)$에서 그래디언트 벡터를 구하라.

(2) $z > 0$일 때, 함수 $f(x,y,z) = z^{xy}$의 그래디언트를 구하시오.

연습문제 3.4 미분가능한 함수 $f(x,y,z)$에 대하여 점 P에서 세 벡터 $u=(0,1,1)$, $v=(1,0,1)$, $w=(1,1,0)$에 대한 방향미분이

$$D_u f(P)=3,\ D_v f(P)=-1,\ D_w f(P)=2$$

일 때, 그래디언트 벡터 $\nabla f(P)$를 계산하시오.

연습문제 3.5 좌표공간에 정의된 함수 $f(x,y,z)=\sqrt{x^2+y^2+z^2}$에 대하여 방향미분 $D_{(1,2,3)}f(a,b,c)$과 그래디언트 $\nabla f(a,b,c)$를 구하시오.

연습문제 3.6 미분가능한 함수 $f(x,y,z)$가 임의의 실수 t와 고정된 자연수 m에 대하여 등식 $f(tx,ty,tz)=t^m f(x,y,z)$을 만족할 때 다음이 성립함을 보이시오.

$$x\frac{\partial f}{\partial x}+y\frac{\partial f}{\partial y}+z\frac{\partial f}{\partial z}=mf$$

3.2 미분가능성

이 절에서는 n-공간 $\mathbb{R}^n$의 열린 집합 U에 정의된 함수 $f(X)$의 미분가능성을 정의하고 성질을 살펴본다. 일변수함수 $f(x)$의 미분가능성에 관한 정의를 살펴보고, 이를 자연스럽게 확장하여 n-변수함수 $f(X)$의 미분가능성을 정의하기로 한다.

일변수함수 $f(x)$가 점 $x=p$에서 순간변화율 $\lim_{x\to p}\frac{f(x)-f(p)}{x-p}$이 존재할 때 함수 $f(x)$가 점 $x=p$에서 **미분가능하다**고 한다. 이 순간변화율을 a라고 두면, 함수 $f(x)$의 미분가능성은 다음 식을 만족하는 실수 a의 존재성과 동치임을 알 수 있다.

$$\lim_{x\to p}\frac{f(x)-f(p)-a(x-p)}{x-p}=0$$

다시 말해, $\mathbb{R}^{1+1}$의 부분집합 $f(x)$의 그래프에 대하여 $(p,\ f(p))$점에서 함수 $f(x)$의 그래프에 접하는 직선 $y=a(x-p)+f(p)$가 $x=p$의 매우 가까운 근방에서 함수 $f(x)$에 선형 근사하도록 하는 실수 a의 존재성을 뜻한다.

같은 방법으로 $\mathbb{R}^n$의 열린 집합 U의 한 점 P에서 n-변수함수 $f(X)$의 미분가능성을 정의하면, 점 P의 매우 가까운 근방의 점 X이 P로 근사하는 모든 방법에 대하여 변화율에 관한 식

$$\lim_{X \to P} \frac{|f(X) - f(P) - A \cdot (X - P)|}{|X - P|} = 0$$

을 만족하는 n-벡터 A가 존재할 때 함수 $f(X)$가 점 P에서 **미분가능하다**고 정의한다.

일변수함수와 마찬가지로 이 정의는 $\mathbb{R}^{n+1}$의 부분집합인 $f(X)$의 그래프에 대하여 $\mathbb{R}^{n+1}$의 점 $(P, f(P))$에서 함수 $f(X)$의 그래프에 접하는 n차원 평면

$$Y = A \cdot (X - P) + f(P)$$

이 점 P에 매우 가까운 근방에서 함수 $f(X)$에 선형 근사하도록 하는 n-벡터 A의 존재성을 뜻한다. $X - P$를 H라고 두면 주어진 식은

$$\lim_{H \to 0} \frac{|f(P + H) - f(P) - A \cdot H|}{|H|} = 0$$

이다.

정의 3.6 미분가능성

n-공간 $\mathbb{R}^n$의 열린 집합 U에 정의된 n-변수함수 $f(X)$에 대하여 집합 U의 한 점 P에서 식

$$\lim_{X \to P} \frac{|f(X) - f(P) - A \cdot (X - P)|}{|X - P|} = 0$$

을 만족하는 n-벡터 A가 존재할 때, 함수 $f(X)$가 점 **P에서 미분가능**하다고 하고 A를 함수 $f(X)$의 점 P에서의 **미분계수**라고 한다. 만약 $f(X)$가 U의 모든 점에서 미분가능하면 $f(X)$가 U에서 **미분가능하다**고 한다.

미분가능성을 정의하는 식의 분자를 살펴보면 $X \to P$일 때

$$f(X) - f(P) - A \cdot (X - P) \to 0$$

이므로, 함수 $f(X)$가 점 P에서 연속에 관한 식

$$\lim_{X \to P} (f(X) - f(P)) = 0$$

을 만족한다. 따라서 일변수함수와 마찬가지로 함수 $f(X)$가 점 P에서 미분가능하면 점 P에서 연속이다.

연습문제 3.7 $\mathbb{R}^3$에서 정의된 함수 $f(x, y, z) = ax + by + cz$에 대하여, 점 $P = (1, 1, 1)$에서 미분계수를 구하라.

n-변수함수 $f(X)$가 점 P에서 미분가능하도록 하는 n-벡터 A는 함수 $f(X)$의 방향 미분과 밀접하게 연관되며 실제로 n-벡터 A는 $f(X)$의 P점에서 그래디언트 벡터 $\nabla f(P)$임을 다음 정리에서 확인할 수 있다.

정리 3.7

n-공간 $\mathbb{R}^n$의 열린 집합 U에 정의된 n-변수함수 $f(X)$가 집합 U의 한 점 P에서 미분가능하면, 함수 $f(X)$는 점 P의 모든 방향 v에서 방향 미분계수 $D_v f(P)$가 존재하며

$$D_v f(P) = \nabla f(P) \cdot v$$

를 만족한다.

증명 함수 $f(X)$가 점 P에서 미분가능하므로, 임의의 방향 $v(\neq 0)$에 대하여

$$\lim_{t \to 0} \frac{|f(P+tv) - f(P) - A \cdot tv|}{|tv|} = 0$$

를 만족하는 n-벡터 A가 존재한다. 따라서,

$$D_v f(P) = \lim_{t \to 0} \frac{f(P+tv) - f(P)}{t} = A \cdot v$$

이므로 방향 미분계수 $D_v f(P)$가 존재한다.

여기서 v를 좌표방향 단위벡터 $e_k \, (1 \leq k \leq n)$로 두면

$$A \cdot e_k = D_{e_k} f(P) = \frac{\partial f}{\partial x_k}(P)$$

이므로 $A = \nabla f(P)$임을 알 수 있다. ■

앞서 방향 미분의 성질에 대하여 다음 성질을 추가할 수 있다.

따름정리 3.8

(1) n-공간 $\mathbb{R}^n$의 열린 집합 U에 정의된 n-변수함수 $f(X)$가 집합 U의 한 점 P에서 미분가능하면, 임의의 두 벡터 v, w에 대하여

$$D_{v+w}f(P) = D_v f(P) + D_w f(P)$$

가 성립한다.

(2) 단위벡터 v에 대하여 방향 미분 $D_v f(P)$은 v가 $\mathrm{grad}(f)(P)$, $-\mathrm{grad}(f)(P)$ 방향일 때 각각 최대, 최소가 된다.

증명 (2) 코시-슈바르츠 부등식에 의하여,

$$|D_v f(P)| = |\nabla f(P) \cdot v| \le |\nabla f(P)||v|$$

이므로 최대 및 최소는 각각 v가 $\mathrm{grad}(f)(P)$, $-\mathrm{grad}(f)(P)$ 방향일 때 얻어진다. ■

연습문제 3.8 점 $(1, 1)$에서 함수 $f(x, y) = x^2 + 2y^2$의 방향미분이 최대가 되는 방향을 구하라.

연습문제 3.9 좌표평면 $\mathbb{R}^2$에서 정의된 다음 함수를 생각하자.

$$f(x, y) = \begin{cases} \dfrac{x^2y - xy^2}{x^2 + y^2}, & (x,y) \ne (0,0) \\ 0, & (x,y) = (0,0) \end{cases}$$

(1) 원점 O에서 두 편미분 $D_1 f(O)$, $D_2 f(O)$이 존재함을 보이고 값을 구하시오.

(2) 원점 O에서 임의의 영이 아닌 벡터 $v \in \mathbb{R}^2$에 대해 방향미분 $D_v f(O)$이 존재함을 보이시오.

(3) f가 O에서 미분가능하지 않음을 보이시오.

연습문제 3.10 좌표평면 $\mathbb{R}^2$에서 정의된 다음 함수를 생각하자.

$$f(x,y)=\begin{cases}\dfrac{x^3y}{x^2+y^2}, & (x,y)\neq(0,0),\\ 0, & (x,y)=(0,0).\end{cases}$$

(1) $(0,0)$이 아닌 임의의 $(x,y)\in\mathbb{R}^2$에 대해, $D_1f(x,y)$와 $D_2f(x,y)$의 값을 x, y에 관한 식으로 표현하시오.

(2) $D_1f(0,0)$과 $D_2f(0,0)$의 값을 구하시오.

(3) $D_1(D_2f)(0,0)$과 $D_2(D_1f)(0,0)$의 값을 구하시오.

정리 3.7을 이용하여 다변수함수 $f(X)$가 미분가능할 때 편도함수를 구할 수 있으나 편도함수의 연속성은 보장하지 못한다. 열린 집합 U에 정의된 다변수함수 $f(X)$의 편도함수가 모두 존재하고 연속일 때, 이 함수를 집합 U에서 $\boldsymbol{C^1}$ **함수**라고 부른다. C^1함수에 대하여 일반적으로 다음의 사실이 알려져 있다.

정리 3.9

n-공간 $\mathbb{R}^n$의 열린 집합 U에 정의된 n-변수함수 $f(X)$가 집합 U에서 C^1함수이면 함수 $f(X)$는 미분가능하다.

연습문제 3.11 $\mathbb{R}^2$에서 정의된 함수 $f(x, y)=e^{x^2-y^2}$가 $\mathbb{R}^2$에서 미분가능함을 보여라.

정리에 따라서 C^1함수의 집합은 미분가능함수의 부분집합이나 다음의 예에 따라 동치 집합은 아니다.

예 3.11 함수

$$f(x, y) :=\begin{cases}(x^2+y^2)\sin\dfrac{1}{\sqrt{x^2+y^2}}, & (x, y)\neq(0, 0)\\ 0, & (x, y)=(0, 0)\end{cases}$$

는 미분가능함수이나 편미분 D_1f과 D_2f는 원점 $(0, 0)$에서 연속이 아니다.

▲

연습문제 3.12 함수

$$f(x, y) := \begin{cases} (x^2+y^2)^2 \sin \dfrac{1}{\sqrt{x^2+y^2}}, & (x, y) \neq (0, 0) \\ 0 & , (x, y) = (0, 0) \end{cases}$$

의 편미분 $D_1 f$과 $D_2 f$가 원점 $(0, 0)$에서 연속임을 보여라.

3.3 연쇄법칙

일변수함수의 합성함수 $(f \circ g)(x)$의 도함수는 연쇄법칙(chain rule)을 이용하여 구하면

$$(f \circ g)'(x) = f'(g(x))g'(x)$$

이다. n-공간 $\mathbb{R}^n$의 좌표 $X = (x_1, \cdots, x_n)$를 실수의 구간 I에 주어진 변수 t의 n-벡터함수 $X(t) = (x_1(t), \cdots, x_n(t))$라고 둘 때 n-변수함수 $f(X)$와 $X(t)$의 합성함수 $f(X(t))$에 관한 연쇄법칙은 다음과 같다.

정리 3.10

n-공간 $\mathbb{R}^n$의 열린 집합 U에 정의된 미분가능한 n-변수함수 $f(X)$와 실수의 구간 I에 정의된 n-벡터함수 $X(t) = (x_1(t), \cdots, x_n(t))$가 미분가능하고 $X(I) \subset U$일 때, 구간 I의 모든 t에 대하여

$$\frac{d}{dt} f(X(t)) = \nabla f(X(t)) \cdot X'(t) = \sum_{k=1}^{n} \frac{\partial f}{\partial x_k}(X(t)) \frac{dx_k}{dt}$$

를 만족한다. 여기서 $X'(t) = (x_1{}'(t), \cdots, x_n{}'(t))$이다.

증명 **(증명1)** 이변수함수에 대한 증명을 살펴보자.(일반적인 경우도 같은 방식에 의해 보일 수 있다.)

$$\begin{aligned}\frac{d}{dt}f(x(t),\ y(t)) &= \lim_{h\to0}\frac{f(x(t+h),\ y(t+h))-f(x(t),\ y(t))}{h}\\ &= \lim_{h\to0}\frac{f(x(t+h),\ y(t+h))-f(x(t+h),\ y(t))}{h}\\ &\quad +\lim_{h\to0}\frac{f(x(t+h),\ y(t))-f(x(t),\ y(t))}{h}\end{aligned}$$

이다. 여기서 첫 번째 극한은

$$\lim_{h\to0}\frac{f(x(t+h),\ y(t+h))-f(x(t+h),\ y(t))}{y(t+h)-y(t)}\cdot\frac{y(t+h)-y(t)}{h}$$

과 같으며[5], $h\to0$일 때 $y(t+h)-y(t)$ 역시 0으로 수렴하므로 이 극한은 $\frac{\partial f}{\partial y}\cdot y'(t)$로 수렴한다. 또한, 두 번째 극한은

$$\lim_{h\to0}\frac{f(x(t+h),\ y(t))-f(x(t),\ y(t))}{x(t+h)-x(t)}\cdot\frac{x(t+h)-x(t)}{h}$$

과 같으며, $h\to0$일 때 $x(t+h)-x(t)$ 역시 0으로 수렴하므로 이 극한은 $\frac{\partial f}{\partial x}\cdot x'(t)$로 수렴한다.

(증명2) 고정된 t에 대하여, $X(t)$가 미분가능하므로 $h\to0$일 때

(i) $\dfrac{|X(t+h)-X(t)-X'(t)h|}{|h|}\to0$

이다. 여기서 $X(t)$는 연속이므로 $h\to0$일 때 $X(t+h)\to X(t)$이다. $f(X)$의 미분가능성에 따라, $X(t+h)\to X(t)$일 때

(ii) $\dfrac{|f(X(t+h))-f(X(t))-\nabla f(X(t))\cdot(X(t+h)-X(t))|}{|X(t+h)-X(t)|}\to0$

이다. 이제 삼각부등식과 코시-슈바르츠 부등식을 이용하여 다음을 얻는다.

$$\begin{aligned}&\frac{|f(X(t+h))-f(X(t))-\nabla f(X(t))\cdot(X'(t))h|}{|h|}\\ &\le\frac{|f(X(t+h))-f(X(t))-\nabla f(X(t))\cdot(X(t+h)-X(t))|}{|h|}\end{aligned}$$

---

5) 충분히 작은 양수 ε에 대해 $-\varepsilon\le h\le\varepsilon$인 범위에서 분모인 $y(t+h)-y(t)$가 0이 되지 않으면 이러한 표현을 쓸 수 있다. 만약 $\lim_{n\to\infty}h_n=0$이면서 $y(t+h_n)-y(t)=0$인 수열 h_n이 있는 경우에는 $X'(t)=O$이고 $\frac{d}{dt}f(X(t))=0$이므로 연쇄법칙의 등식이 성립한다.

$$+\frac{|\nabla f(X(t))\bullet(X(t+h)-X(t))-\nabla f(X(t))\bullet(X'(t))h|}{|h|}$$

$$\le\left[\frac{|f(X(t+h))-f(X(t))-\nabla f(X(t))\bullet(X(t+h)-X(t))|}{|X(t+h)-X(t)|}\times\frac{|X(t+h)-X(t)|}{|h|}\right]$$

$$+|\nabla f(X(t))|\frac{|X(t+h)-X(t)-X'(t)h|}{|h|}$$

위의 마지막 부등식의 맨 오른쪽 식은 (i), (ii)와

$$\lim_{h\to 0}\frac{X(t+h)-X(t)}{h}=X'(t)$$

에 의하여 다음을 계산하면 $h\to 0$ 일 때 0으로 수렴한다. 따라서 $h\to 0$ 일 때

$$\frac{|f(X(t+h))-f(X(t))-\nabla f(X(t))\bullet(X'(t))h|}{h}\to 0$$

이므로 정리를 보였다. ■

한편 정리 3.12의 연쇄법칙을 이용하면 그래디언트 벡터가 등위면에 수직임을 다음과 같이 보일 수 있다.

정리 3.11

영역 $U\subset\mathbb{R}^3$상에서 정의된 미분가능한 함수 $f(x,y,z)$에 대하여, 점 (x_0,y_0,z_0)을 지나는 등위면 $f^{-1}(c)=\{(x,y,z)\,|\,f(x,y,z)=c\}$ 상의 곡선을 $X:I\to\mathbb{R}^3$라 하자. 즉, 구간 I에서 정의된 미분가능한 벡터함수 $X(t)=(x(t),y(t),z(t))$가 $X(I)\subset f^{-1}(c)$이고 $X(0)=(x_0,y_0,z_0)$을 만족한다. $t=0$일 때의 속도벡터가 $X'(0)=v$일 때,

$$\nabla f(x_0,y_0,z_0)\bullet v=0$$

가 성립한다.

증명 조건으로부터 $X(I)\subset f^{-1}(c)$이므로 $f(X(t))=c$이다. 정리 3.10의 연쇄법칙을 이용하면

$$0=\frac{d}{dt}f(X(t))=\nabla f(X(t))\bullet X'(t)$$

임을 알 수 있다. 특별히 $t=0$일 때

$$\nabla f(x_0, y_0, z_0) \cdot v = 0$$

이다. ■

이로부터 등위면상의 각 점에서 등위면에 대한 접평면을 다음과 같이 정의할 수 있다.

정의 3.12

등위면 $f^{-1}(c) = \{(x, y, z) \mid f(x, y, z) = c\}$상의 점 $P(x_0, y_0, z_0)$에서 $\nabla f(P) \neq 0$인 경우, 다음 방정식으로 정의되는 평면을 점 P에서 등위면 $f^{-1}(c)$에 대한 접평면이라 한다.

$$\nabla f(P) \cdot (X - P) = 0$$

$$\text{또는 } \nabla f(x_0, y_0, z_0) \cdot (x - x_0, y - y_0, z - z_0) = 0$$

예 3.13 구면 $S: (x-x_0)^2 + (y-y_0)^2 + (z-z_0)^2 = 1$은 삼변수함수 $f(x, y, z) = (x-x_0)^2 + (y-y_0)^2 + (z-z_0)^2$의 1-등위면이다. 점 (x_1, y_1, z_1)가 구면 S상의 점일 때, 점 (x_1, y_1, z_1)에서 그래디언트 벡터는 $\nabla f(x_1, y_1, z_1) = 2(x_1 - x_0, y_1 - y_0, z_1 - z_0)$이다. 따라서 점 (x_1, y_1, z_1)에서 구면에 대한 접평면의 방정식은 다음과 같다.

$$(x_1 - x_0)(x - x_1) + (y_1 - y_0)(y - y_1) + (z_1 - z_0)(z - z_1) = 0 \quad ▲$$

좌표공간 $\mathbb{R}^3$에서 적용된 접평면의 정의는 좌표평면 $\mathbb{R}^2$에서도 같은 방식으로 적용할 수 있다. 등위선 $f^{-1}(c) = \{(x, y) \mid f(x, y) = c\}$상의 점 $P(x_0, y_0)$에서 $\nabla f(P) \neq 0$가 등위선 $f^{-1}(c)$에 수직이 되고 접선의 식이 $\nabla f(x_0, y_0) \cdot (x - x_0, y - y_0) = 0$으로 정의된다.

예 3.14 쌍곡선 $H: xy = c\ (x, y > 0)$은 함수 $f(x, y) = xy$의 c-등위선이다. 이 곡선 위의 점 (x_0, y_0)에서 그래디언트 벡터 $\nabla f(x_0, y_0)$가 법선 방향이다. 따라서 점 (x_0, y_0)에서 쌍곡선 H의 접선은 다음과 같이 구할 수 있다.

$$0 = \nabla f(x_0) \cdot (x - x_0, y - y_0) = y_0(x - x_0) + x_0(y - y_0)$$ ▲

연습문제 3.13 포물면 $z = x^2 + y^2$ 상의 점 (x_0, y_0, z_0)에서 접평면의 방정식을 구하여라.

연습문제 3.14 타원 $\frac{x^2}{a^2} + \frac{y^2}{b^2} = 1$ 상의 점 (x_0, y_0)에서 접선의 방정식을 구하여라.

연습문제 3.15 미분가능한 함수 $f(x,y)$가 원 $(x-1)^2 + (y-3)^2 = 10$ 위에서는 점 $P(2,6)$에서 최댓값을 가질 때, 편미분의 비율 $\frac{f_y(P)}{f_x(P)}$의 값은?

제4장

최댓값과 최솟값

4.1 고계 미분과 고계도함수

미분의 정의에서 살펴본 대로 함수의 미분은 한 점 근방에서 함수의 일차 근사에 대한 정보를 준다. 주어진 함수를 일차 근사 이상으로 더 자세히 알고자 하면 고계 미분 정보가 필요하다.

우리가 다루는 n-공간의 영역 D에서 정의된 다변수함수 $f : D \to \mathbb{R}$를 $\boldsymbol{C^1}$ **함수**로 정하면 편도함수 $\dfrac{\partial f}{\partial x_1}, \cdots, \dfrac{\partial f}{\partial x_n}$가 존재하고 각각이 연속이다. 편도함수 $D_j f = \dfrac{\partial f}{\partial x_j}$가 다시 각 변수에 대해 편미분가능할 때, f를 좌표함수 x_j와 x_i에 대하여 차례로 편미분한 **이계도함수**를 다음과 같이 표기한다.

$$D_i D_j f = \frac{\partial}{\partial x_i}\left(\frac{\partial f}{\partial x_j}\right) = \frac{\partial^2 f}{\partial x_i \partial x_j}, \quad D_i D_i f = \frac{\partial^2 f}{\partial x_i^2}$$

이계도함수의 미분의 순서를 바꾸어도 결과는 같음을 말하는 다음 사실은 이론상 및 계산상 매우 중요하다.

정리 4.1

n-공간의 열린 영역 D에서 정의된 다변수함수 $f : D \to \mathbb{R}$의 이계도함수들 $D_i D_j f$와 $D_j D_i f$가 존재하고 각각이 연속이면 $D_i D_j f = D_j D_i f$이다.

증명 편의상 이변수함수 $f(x, y)$에 대해 $D_1 D_2 f(a, b) = D_2 D_1 f(a, b)$임을 증명하자. 작은 양수 h, k에 대하여

$$\alpha(h, k) = f(a+h, b+k) - f(a+h, b)$$
$$\beta(h, k) = f(a+h, b+k) - f(a, b+k)$$

라 하면 다음 등식이 성립한다.

$$\alpha(h,\ k) - \alpha(0,\ k) = \beta(h,\ k) - \beta(h,\ 0)$$

이 등식의 양변에 각각 평균값 정리를 사용하면 다음 등식이 성립하도록 하는 양수 h_0와 k_0 $(h_0 < h,\ k_0 < k)$가 있다.

$$\frac{\alpha(h,\ k) - \alpha(0,\ k)}{h} = D_1\alpha(h_0,\ k)$$

$$\frac{\beta(h,\ k) - \beta(h,\ 0)}{k} = D_2\beta(h,\ k_0)$$

원래 $\alpha(h,\ k)$와 $\beta(h,\ k)$의 정의로부터 계산하면,

$$D_1\alpha(h_0,\ k) = D_1 f(a+h_0,\ b+k) - D_1 f(a+h_0,\ b)$$

$$D_2\beta(h,\ k_0) = D_2 f(a+h,\ b+k_0) - D_2 f(a,\ b+k_0)$$

두 식의 우변에 각각 평균값 정리를 적용하면 다음 등식이 성립하도록 하는 h_1와 k_1 $(h_1 < h,\ k_1 < k)$가 있다.

$$\frac{D_1 f(a+h_0,\ b+k) - D_1 f(a+h_0,\ b)}{k} = D_2(D_1 f)(a+h_0,\ b+k_1)$$

$$\frac{D_2 f(a+h,\ b+k_0) - D_1 f(a,\ b+k_0)}{h} = D_1(D_2 f)(a+h_1,\ b+k_0)$$

이상의 계산을 정리하면,

$$D_2(D_1 f)(a+h_0,\ b+k_1) = D_1(D_2 f)(a+h_1,\ b+k_0)$$

이고, $h,\ k \to 0$일 때 $h_0,\ k_0,\ h_1,\ k_1 \to 0$이므로 등식 $D_1 D_2 f(a,\ b) = D_2 D_1 f(a,\ b)$을 얻는다. ■

예 4.2 $f(x,\ y) = ax^2 + bxy + cy^2$일 때

$$D_1 D_2 f = D_1(bx + 2cy) = b,\ \ D_2 D_1 f = D_2(2ax + by) = b.$$ ▲

예 4.3 편미분 기호 D_i, D_j, D_k에 대하여 '교환법칙'이 성립하는 것처럼 생각할 수 있다. 또한 편미분 기호들을 미지수들로 간주하여 곱셈공식을 적용할 수도 있다. 예를 들어,

$$\begin{aligned}(D_1+D_2)(D_1+D_2)f &= D_1^2 f + D_1 D_2 f + D_2 D_1 f + D_2^2 f \\ &= D_1^2 f + 2 D_1 D_2 f + D_2^2 f\end{aligned}$$

이므로 이를 다음과 같은 형식으로 표현하기도 한다.

$$(D_1+D_2)^2 = D_1^2 + 2D_1 D_2 + D_2^2$$ ▲

연습문제 4.1 함수 $f(x, y) = \sin(xe^{x+y})$에 대하여

$$(D_1+D_2)^2 f = (D_1^2 + 2D_1 D_2 + D_2^2)f$$

임을 좌변과 우변을 직접 계산하여 확인하라.

이계도함수를 일반화하여, 여러 좌표함수들에 대하여 k번 편미분한 k차 고계도함수가 정의된다. 예컨대 3계도함수는 다음과 같다.

$$D_i D_j D_k f = \frac{\partial}{\partial x_i}\left(\frac{\partial}{\partial x_j}\left(\frac{\partial f}{\partial x_k}\right)\right) = \frac{\partial^3 f}{\partial x_i \partial x_j \partial x_k}$$

다변수함수 f의 k차 고계도함수들이 존재하고 연속일 때, f를 C^k 함수라고 부른다. 정리 4.1로부터 f가 C^k 함수이면, 미분의 순서를 바꾸어도 고계도함수들은 서로 같음을 알 수 있다.

함수의 연속성, 미분가능성 등은 위계적인 특징을 가진 성질이다. 예를 들어 주어진 함수가 미분가능하면 연속함수이다. 또한 함수가 C^1이면 미분가능하다. 주어진 함수의 k차 고계도함수들이 존재하고 연속일 때 C^k 함수라 한 것처럼, 모든 차수의 고계도함수들이 존재하고 연속일 때 C^∞ 함수라 한다. 한편 주어진 함수의 테일러급수 전개가 가능한 경우, 주어진 함수를 해석함수라 한다. 이 성질들 사이에는 다음 관계가 성립한다.

해석함수 $\subset$ C^∞ 함수 $\subset$ $C^k\ (k \geq 1)$함수 $\subset$ 미분가능 함수 $\subset$ 연속 함수

여기서 역방향의 포함관계는 성립하지 않는다. 다음 몇 가지 예시들은 위 성질들의 위계를 이해하는데 도움이 된다.

예 4.4 함수

$$f(x, y) := \begin{cases} (x^2+y^2)\sin\dfrac{1}{\sqrt{x^2+y^2}}, & (x, y) \neq (0, 0) \\ 0, & (x, y) = (0, 0) \end{cases}$$

는 미분가능함수이나 C^1함수는 아니다. (예 3.11) ▲

예 4.5 함수

$$f(x) := \begin{cases} e^{-\frac{1}{x^2}}, & x \neq 0 \\ 0, & x = 0 \end{cases}$$

는 C^∞함수이나 해석함수는 아니다. 수학적 귀납법을 적용하면 $x \neq 0$인 점에서 함수 f의 n차 도함수가 적당한 다항식 $p_n(x)$에 대하여

$$f^{(n)}(x) = \frac{p_n(x)e^{-\frac{1}{x^2}}}{x^{3n}}$$

의 꼴이 됨을 보일 수 있다. 또한 수학적 귀납법을 적용하면 모든 자연수 n에 대하여 $f^{(n)}(0) = 0$이 됨을 보일 수 있는데, $f^{(n)}(0) = 0$을 가정하면

$$f^{(n+1)}(0) = \lim_{x\to 0}\frac{f^{(n)}(x) - f^{(n)}(0)}{x} = \lim_{x\to 0}\frac{p_n(x)e^{-\frac{1}{x^2}}}{x^{3n+1}} = 0$$

이 되기 때문이다. 따라서 함수 f의 테일러 다항식은 항상 0이 된다. 하지만 함수 f는 $x = 0$ 근방에서 항등적으로 0인 함수가 아니므로 테일러급수 전개 가능하지 않다. ▲

한편, C^1의 조건을 조금 약하게 하여 한 점에서 함수의 편미분이 존재함만을 가정하면 연속성이 보장되지 않는다.

예 4.6 함수

$$f(x, y) := \begin{cases} 1, & (2y-x)(y-2x) < 0 \\ 0, & (2y-x)(y-2x) \geq 0 \end{cases}$$

는 원점에서 두 방향의 편미분이 모두 존재하지만 원점에서 불연속인 함수이다. 실제로 함수 f는 x축과 y축 위에서 함숫값이 항상 0이므로 원점에서 함수 f의 편미분은 모두 0이 된다. 한편 함수 f는 원점에서 연속이 아니다. ▲

4.2 극값과 임계값

함수의 미분은 최댓값과 최솟값을 구하는 데에 중요하게 사용된다. 최댓값 또는 최솟값은 극값들을 비교하여 구하게 된다. 점 P가 f의 **극점**이라 함은 P의 근방에서 f가 최대 또는 최소가 되는 것을 말한다. 또한 극점에서의 함숫값 $f(P)$를 **극값**이라 한다. 일변수함수 $f:(a,b)\to\mathbb{R}$가 미분가능하고 점 $c\in(a,b)$이 극점이면 $f'(c)=0$이 됨을 알고 있다. 다음은 이 사실을 다변수함수의 경우로 일반화한 것이다.

보조정리 4.7

n-공간의 열린 영역 D에서 정의된 미분가능한 함수 $f:D\to\mathbb{R}$에 대한 다음 두 조건은 동치이다.

(1) 모든 좌표함수 x_i에 대한 편미분 $D_i f(P)$이 0이다.

(2) 임의의 단위벡터 $V\in\mathbb{R}^n$에 대한 방향 미분 $D_V f(P)$이 0이다.

증명 방향 미분은 각 좌표함수에 대한 편미분을 이용해 다음과 같이 표현된다. $V=(v_1,\cdots,v_n)$일 때

$$D_V f(P)=\sum_{i=1}^{n} D_i f(P) v_i$$

따라서 모든 i에 대하여 $D_i f(P)=0$이면 임의의 방향으로 $D_V f(P)=0$이다. 또한 V가 각 좌표 방향일 때의 방향 미분이 각 좌표에 대한 편미분이므로 역이 성립한다. ■

이 동치조건 (1), (2)가 성립할 때 점 P를 미분가능한 함수 f의 **임계점**이라 하고 함숫값 $f(P)$를 **임계값**이라 한다(일반적으로 함수가 미분가능하지 않은 점들을 가지면 이 점들도 임계점이라고 한다).

정리 4.8

n-공간의 열린 영역 D에서 정의된 미분가능한 함수 $f : D \to \mathbb{R}$에 대하여 점 $P \in D$가 극점이면 임계점이다.

증명 함수 f가 P에서 극대(극소)이면 이 함수를 어느 방향으로 보아도 극대(극소)가 된다. 즉, 각각의 x_i방향의 단위벡터 e_i에 대하여 $g_i(t) = f(P + te_i)$라 하면 일변수함수 $g_i(t)$는 $t = 0$에서 극대(극소)가 된다. 따라서

$$0 = g_i{}'(0) = \left.\frac{d}{dt}\right|_{t=0} f(P + te_i) = D_i f(P)$$

그러므로 점 P은 임계점이다. ■

예 4.9 정리 4.8의 역은 일변수함수의 경우처럼 성립하지 않는다. 대표적인 예로서 $f(x) = x^3$ 또는 $g(x, y) = x^3 + y^3$은 원점을 임계점으로 가지지만 극점이 아니다. 한편 일변수함수와 달리 다변수함수의 경우에는 이차함수의 반례가 있다. 함수 $f(x, y) = xy$는 원점을 임계점으로 가지지만 함숫값이 제1, 3사분면에서 양수이며 제2, 4사분면에서 음수이므로 극점이 아니다. ▲

예 4.9처럼 임계점이지만 극점이 아닌 점을 **말안장점**이라 한다. 말 등에 놓인 안장에 해당하는 점을 생각해 보면 머리부터 꼬리 방향으로는 아래로 볼록한 곡선이지만 말을 탄 기수의 다리 방향으로는 위로 볼록하다. 따라서 이 점은 극대점도 아니고 극소점도 아니다.

연습문제 4.2 다음 함수의 그래프의 개형을 그리고 임계점과 극점을 구하라.

(1) $f(x, y) = x^2 + xy + 2y^2$

(2) $g(x, y) = x^2 + xy - 2y^2$

연습문제 4.3 함수 $f(x, y) = x^4 + 2x^2y^2 + y^4 - 2x^2 - 2y^2$의 임계점을 구하라. 또한, 이 식의 변수를 극좌표로 치환하여 얻은 $r = \sqrt{x^2 + y^2}$에 관한 일변수함수를 이용하여 원래 함수의 개형을 그리고 극점을 구하라.

연습문제 4.4 함수 $f(x, y) = \cos(x^2 + y^2)$의 임계점과 극점을 구하라.

4.3 헤세 행렬

4.2절에서 극점은 임계점이지만, 역은 일반적으로 성립하지 않음을 살펴보았다. 주어진 임계점이 극대점인지 극소점인지 또는 말안장점인지를 미분 정보로부터 판정하려면 이계미분을 활용해야 한다. 우선 가장 간단한 경우로 이변수 이차 동차다항식을 생각해 보자. 실수 $a,\ b,\ c\ (a \neq 0)$에 대하여 함수 $p(x,\ y) = ax^2 + 2bxy + cy^2$를 다음과 같이 정리하여 쓸 수 있다.

$$p(x,\ y) = ax^2 + 2bxy + cy^2 = a\left(x + \frac{b}{a}y\right)^2 + \left(\frac{ac - b^2}{a}\right)y^2$$

따라서 좌표변환 $\tilde{x} = x + \frac{b}{a}y$에 대하여 $p(x,\ y)$는 다음과 같이 표현된다.

$$p(\tilde{x},\ y) = a\tilde{x}^2 + \frac{\Delta}{a}y^2$$

여기서 $\Delta = ac - b^2$이며, $p(x,\ y)$의 **판별식**이라 한다. 함수 $p(\tilde{x},\ y)$의 그래프로 주어지는 곡면은 원점에서 임계점을 가지며, 나아가서 계수 a와 판별식 Δ의 부호에 따라 다음과 같이 분류된다.

(i) $\Delta > 0,\ a > 0$일 때: 극소점

(ii) $\Delta > 0,\ a < 0$일 때: 극대점

(iii) $\Delta < 0$일 때: 말안장점

위 가정에서 $a \neq 0$ 대신에 $c \neq 0$인 경우도 a 대신 c를 분모로 활용하면 위 (i), (ii), (iii)과 같은 결과를 얻는다. 또한 $a = c = 0,\ b \neq 0$인 경우에는 원점이 말안장점이며 이때 $\Delta = ac - b^2 < 0$이다. 이를 종합하면 다음과 같다.

보조정리 4.10

동차 이차다항식 $p(x,\ y) = ax^2 + 2bxy + cy^2$의 판별식을 $\Delta = ac - b^2$라 하면, 그래프 $\Gamma(p)$의 개형은 다음과 같다.

(1) $\Delta > 0$이면 a와 c의 부호가 같으며, 양수이면 원점이 극소점, 음수이면 원점이 극대점이 된다. 이에 따라 $\Gamma(p)$는 원점을 중심으로 똑바르거나 뒤집힌 포물면이 된다.

(2) $\Delta < 0$이면 원점이 곡면 $\Gamma(p)$의 말안장점이다.

(3) $\Delta = 0$이면 적절한 좌표변환에 의하여 $p(\tilde{x}, \tilde{y}) = \pm \tilde{x}^2$으로 표현되며 $\Gamma(p)$는 포물선을 $\tilde{y}$축을 따라 무한히 연장한 곡면이다.

여기서 이차다항식 $p(x, y)$은 다음과 같이 2×2 행렬을 이용해 표현할 수 있다.

$$p(x, y) = (x \ \ y)\begin{pmatrix} a & b \\ b & c \end{pmatrix}\begin{pmatrix} x \\ y \end{pmatrix}$$

이 행렬 표현에서 a와 c는 대각원소, Δ는 대칭행렬의 판별식이다. 이 2×2 대칭행렬을 $p(x, y)$의 **헤세 행렬**이라 한다.

이변수함수 $f(x, y)$가 이계 미분가능 할 때 다음 2×2 행렬을 f의 P에서의 **헤세 행렬**이라 한다.

$$Hess_P(f) = \begin{pmatrix} \dfrac{\partial^2 f}{\partial x^2}(P) & \dfrac{\partial^2 f}{\partial y \partial x}(P) \\ \dfrac{\partial^2 f}{\partial x \partial y}(P) & \dfrac{\partial^2 f}{\partial y^2}(P) \end{pmatrix}$$

미분의 순서를 바꾸어도 이계 미분 결과가 같으므로 헤세 행렬이 대칭행렬이 됨을 알 수 있다.6)

정리 4.11

좌표평면의 열린 영역 D에서 정의된 C^2인 함수 $f(x, y)$에 대하여 점 $P \in D$이 임계점이라 하자. 헤세 행렬의 판별식을 $\Delta_P(f) = \det Hess_P(f)$, $a = D_1^2 f(P)$라 하면 점 P 근방에서 함수 f의 그래프의 개형은 다음과 같다.

(1) $\Delta_P > 0$, $a > 0$일 때: P는 극소점

(2) $\Delta_P > 0$, $a < 0$일 때: P는 극대점

(3) $\Delta_P < 0$일 때: P는 말안장점

증명 임계점 P를 지나는 각 방향의 직선을 따라 함수 f가 극대 또는 극소인지 알아보면 된다. 이를 위하여 크기가 1인 벡터 $V = (v_1, v_2)$ 방향의 직선 $P + tV$ 위에서

6) 더 나아가 대칭행렬에 대한 스펙트럼 정리에 따르면 적당한 좌표변환에 의하여 대각행렬로 변환할 수 있다.

함수 f의 이계 미분을 계산해 보자. 우선 $f(P+tV)$의 t에 대한 미분을 연쇄법칙을 사용하여 계산하면 다음과 같다.

$$\frac{d}{dt}f(P+tV) = \nabla f(P+tV) \cdot V$$

이 식을 다시 한 번 미분하면

$$\begin{aligned}
\left.\frac{d^2}{dt^2}\right|_{t=0} f(P+tV) &= \left.\frac{d}{dt}\right|_{t=0}\left(\frac{d}{dt}f(P+tV)\right) \\
&= \left(\left.\frac{d}{dt}\right|_{t=0}\nabla f(P+tV)\right)\cdot V \\
&= \left(\left.\frac{d}{dt}\right|_{t=0}(D_1f(P+tV),\ D_2f(P+tV))\right)\cdot V \\
&= ((\nabla D_1f(P))\cdot V,\ (\nabla D_2f(P))\cdot V))\cdot V \\
&= \left(D_1^2f(P)v_1 + D_2D_1f(P)v_2,\ \ D_1D_2f(P)v_1 + D_2^2f(P)v_2\right)\cdot(v_1, v_2) \\
&= D_1^2f(P)v_1^2 + 2D_1D_2f(P)v_1v_2 + D_2^2f(P)v_2^2
\end{aligned}$$

이다. 여기서 f가 C^2이므로 $D_1D_2 = D_2D_1$이다.
위를 정리하여 다음 식을 얻는다.

$$\left.\frac{d^2}{dt^2}\right|_{t=0} f(P+tV) = D_1^2f(P)v_1^2 + 2D_1D_2f(P)v_1v_2 + D_2^2f(P)v_2^2 = (\bigstar)$$

따라서 직선 $P+tV$상에 제한하면 점 P 근방에서 함수 f의 그래프는 위 식 $(\bigstar)$의 부호에 따라 위로 볼록하거나 아래로 볼록한 모양이 된다. 한편 $(\bigstar)$은 두 변수 v_1, v_2에 대한 동차 이차다항식이며, 보조정리 4.10에서 각 경우에 부호가 어떻게 되는지 살펴보았다.

(1)의 경우, 임의의 방향 $V=(v_1,\ v_2)$에 대하여 $(\bigstar)$이 양수가 되므로 함수 f의 그래프는 모든 방향으로 극소이다. 따라서 P는 극소점이다.

(2)의 경우, 임의의 방향 $V=(v_1,\ v_2)$에 대하여 $(\bigstar)$이 음수가 되므로 함수 f의 그래프는 모든 방향으로 극대이다. 따라서 P는 극대점이다.

(3)의 경우, 방향 $V=(v_1,\ v_2)$에 따라 $(\bigstar)$이 양수가 되기도 하고 음수가 되기도 하므로 함수 f의 그래프는 점 P에서 극소가 되는 방향과 극대가 되는 방향을 모두 가진다. 따라서 P는 말안장점이다. ■

참고 4.12 앞에서 x축과 y축 방향으로 $f(x, y)$의 편미분이 0이면 임의의 방향 미분이 0이 됨을 보았다. 하지만, $f(x, y)$의 그래프상의 점 P가 x축과 y축 방향으로 극소점이라 해서 f의 극소점이 되어야 하는 것은 아니다. 예를 들어

$$f(x, y) = (2x+y)(x+2y)$$

에 대하여 $f(x, 0) = 2x^2$이고 $f(0, y) = 2y^2$이므로 원점이 두 좌표축 방향으로는 극소점이지만 $y = -x$방향으로는 $f(x, -x) = -x^2$으로 극대점이 되고 따라서 함수 f의 말안장점이다. 이 예는 함수의 그래프의 개형을 알기 위하여 헤세 행렬의 대각원소의 부호뿐만 아니라 판별식의 부호를 필수적으로 고려해야 함을 보여준다.

연습문제 4.5 (1) 좌표평면에서 정의된 함수 $f(x, y) = x^2 + 2y^2 - 4x + 4y$를 x와 y에 대한 완전제곱식 표현을 이용하여 최솟값을 구하라. 또한 이 함수의 그래디언트와 헤세 행렬을 계산하여 이 점이 임계점이면서 극소점임을 확인하라.

(2) 함수 $f(x, y) = x^2 + xy + 2y^2 - 4x + 4y$에 대하여 같은 계산을 하라.

연습문제 4.6 (1) 좌표평면에서 정의된 함수 $f(x, y) = x^3 + y^3 - 3xy$의 임계점을 모두 구하고, 이 점들이 극대점, 극소점, 또는 말안장점인지 판정하라.

(2) 위에서 구한 극솟값이 최솟값이 아님을 보여라.

연습문제 4.7 다음 함수들의 임계점을 모두 구하고 이 점들이 극대점, 극소점, 또는 말안장점 중 어느 것인지 판정하라.

(1) $f(x, y) = x^3 - xy^2$

(2) $f(x, y) = (y - x^2)(y - 2x^2)$

(3) $f(x, y) = (x + y)^2$

(4) $f(x, y) = x^2 + xy^2 + y^4$

(5) $f(x, y) = x^2 - xy + y^3$

C^2인 다변수함수 $f(x_1, \cdots, x_n)$에 대한 다음 $n \times n$ 행렬을 P에서의 헤세 행렬이라 한다.

$$Hess_P(f) = \left(\frac{\partial^2 f}{\partial x_i \partial x_j}(P) \right)_{1 \le i,\ j \le n}$$

정리 4.11은 임의의 다변수함수 $f(x_1,\ \cdots,\ x_n)$에 대해 다음과 같이 일반화할 수 있다.

정리 4.13

점 P를 포함하는 열린 영역 $D \subset \mathbb{R}^n$에서 정의된 C^2인 함수 $f(x_1,\ \cdots,\ x_n)$에 대하여 헤세 행렬 $Hess_P(f)$ 안에 왼쪽 및 위쪽으로 들어가 있는 $k \times k$ 부분행렬의 행렬식을 Δ_P^k라 하자. 점 P가 f의 임계점일 때, 다음이 성립한다.

(1) 각 $k\ (1 \leqq k \leqq n)$에 대해 $\Delta_P^k > 0$이면 P는 극소점

(2) 각 $k\ (1 \leqq k \leqq n)$에 대해 $(-1)^k \Delta_P^k > 0$이면 P는 극대점

(3) 각 $k\ (1 \leqq k \leqq n)$에 대해 $\Delta_P^k \neq 0$ 이면서 (1), (2)에 해당하지 않는 경우 P는 말안장점

정리 4.1에 의해 $D_i D_j f = D_j D_i f$ 이므로 헤세 행렬은 대칭 행렬이다. 대칭행렬에 대한 스펙트럼 정리에 따르면, 임의의 대칭행렬은 적당한 직교변환에 의하여 대각행렬로 변환할 수 있다. 또한, 대각행렬의 대각원소들은 헤세 행렬의 고윳값에 해당하며, 이 값은 모두 실수이다. 헤세 행렬의 고윳값을 이용해 극대, 극소에 대한 판정을 다음과 같이 할 수 있다.

정리 4.14

n-공간의 열린 영역 D에서 정의된 C^2인 함수 $f(x_1,\ \cdots,\ x_n)$에 대하여 점 $P \in D$이 임계점일 때, 점 P 근방에서 함수 f의 그래프의 개형은 다음과 같다.

(1) $Hess_P(f)$의 고윳값이 모두 양수면 P는 극소점

(2) $Hess_P(f)$의 고윳값이 모두 음수면 P는 극대점

(3) $Hess_P(f)$의 고윳값 중 양수와 음수가 함께 있으면 P는 말안장점

4.4 라그랑주 승수법

n-공간의 열린 영역 U의 부분집합 D가 함수 $g: U \to \mathbb{R}$의 c-등위면

$$D = g^{-1}(c) = \{X \in U \mid g(X) = c\}$$

으로 주어졌다고 하자. U에서 정의된 함수 $f: U \to \mathbb{R}$에 대하여 부분집합 D에서 최대와 최소를 찾을 때 라그랑주 승수법(Lagrange multipliers method)이라는 방법을 유용하게 사용할 수 있다. 즉, 적당한 상수 λ에 대하여 등식

$$\nabla f(P) = \lambda \nabla g(P)$$

이 성립하는 $P \in D$를 찾음으로써 f를 D에 제한한 함수 $\tilde{f} = f|_D : D \to \mathbb{R}$의 극점 P를 찾는 방법이다. 여기서 문제를 해결하기 위해 도입되는 상수 λ를 라그랑주 승수(Lagrange multiplier)라 한다.

정리 4.15 라그랑주 승수법

n-공간의 열린 영역 U에 정의된 C^1 함수 $g: U \to \mathbb{R}$와 상수 c에 대하여, g의 c-등위면 $D = g^{-1}(c) = \{X \in U \mid g(X) = c\}$의 모든 점 X에서 $\nabla g(X) \neq 0$이라 가정하자. U에서 정의된 미분가능한 함수 $f: U \to \mathbb{R}$에 대하여 점 $P \in D$가 함수 $\tilde{f} = f|_D : D \to \mathbb{R}$의 극점이면 다음 등식이 성립하는 상수 λ가 존재한다:

$$\nabla f(P) = \lambda \nabla g(P)$$

증명 점 P를 지나면서 등위면 $D = g^{-1}(c)$에 포함되는 임의의 미분가능한 곡선 $X: I \to \mathbb{R}^3$를 생각하자. 여기서 I는 실수의 구간이며, 이 구간의 한 점 $t_0 \in I$에 대해 $X(t_0) = P$이다. 점 $P \in D$가 함수 $\tilde{f} = f|_D : D \to \mathbb{R}$의 극점이므로, 합성함수 $f(X(t))$는 $t = t_0$에서 임계점을 가진다. f와 X가 미분가능하므로, 정리 3.10의 연쇄법칙에 의해

$$\left.\frac{d}{dt}\right|_{t=t_0} f(X(t)) = \nabla f(P) \cdot X'(t_0) = 0$$

이다. 한편 g가 미분가능하고 X는 등위면 $D = g^{-1}(c)$ 상의 미분가능한 곡선이므로, 정리 3.11에 의해 $\nabla g(P) \cdot X'(t_0) = 0$이다. 따라서 $\nabla f(P)$와 $\nabla g(P)$ 모두

점 P에서 등위면에 대한 접평면에 수직이다. $\nabla g(P) \neq 0$이므로 적당한 상수 $\lambda \in \mathbb{R}$가 존재하여 $\nabla f(P) = \lambda \nabla g(P)$가 성립한다.[7] ■

예 4.16 좌표공간의 단위구면 $x^2+y^2+z^2=1$ 상에서 함수 x^3+y^3의 최댓값과 최솟값을 구해보자.

$$U=\mathbb{R}^3,\ g(x,y,z)=x^2+y^2+z^2,\ c=1,\ f(x,y,z)=x^3+y^3$$

으로 놓으면 위 정리의 조건을 만족한다. 또한 $D=\{X\in U \mid g(X)=c\}$가 컴팩트 영역이므로 정리 2.19에 의해 f는 D에서 최댓값과 최솟값을 가진다.

최댓값 혹은 최솟값을 가지는 점을 $P=(x,y,z)$라 하면, P는 D 위에서 f의 극점이므로, 정리 4.15에 의해 어떤 상수 $\lambda\in\mathbb{R}$에 대하여 등식 $\nabla f(P) = \lambda \nabla g(P)$이 성립한다. $\nabla f(P) = (3x^2, 3y^2, 0)$이고 $\nabla g(P) = (2x, 2y, 2z)$이므로, 연립방정식

$$3x^2 = 2\lambda x,\ 3y^2 = 2\lambda y,\ 0 = 2\lambda z$$

을 얻는다. 다음과 같이 네 가지 경우로 나누어 살펴보자.

경우 1) $x=0,\ y=0,\ z=0$: 이 경우 $x^2+y^2+z^2=1$이 성립하지 않는다.

경우 2) $x=0,\ y\neq 0$: $\lambda = \pm 3/2,\ y=\pm 1$이므로 $z=0$이고 $f(P) = \pm 1$이다.

경우 3) $x\neq 0,\ y=0$: 경우 2)에서 x와 y의 역할을 바꾸면 된다.

경우 4) $x\neq 0,\ y\neq 0$: $\lambda = \pm 3/2\sqrt{2},\ x=y=\pm 1/\sqrt{2}$이다. 따라서 $z=0$이고 $f(P) = \pm 1/\sqrt{2}$이다.

네 경우를 정리하면, 함수 $x^3+y^3+z^3$의 최솟값은 -1, 최댓값은 1이다. ▲

앞 절들의 방법과 라그랑주 승수법을 함께 활용하면 경계와 그 내부로 주어지는 집합에서의 최댓값 및 최솟값도 구할 수 있다.

예 4.17 좌표공간의 닫힌 공 $x^2+y^2+z^2 \leqq 1$ 위에서 x^3+y^3의 최댓값과 최솟값은 다음과 같이 구할 수 있다. 집합 $x^2+y^2+z^2 \leqq 1$의 내부 $x^2+y^2+z^2 < 1$은

---

7) 엄밀히 말해 증명에 나오는 속도벡터들 $X'(t_0)$이 접평면을 생성함을 증명해야 하며, 이를 보일 때 뒤에 설명될 음함수 정리가 사용되고, 이 때 g가 C^1이라는 조건이 필요하다.

열린 집합이므로 4.2절과 4.3절의 방법을 적용하여 $f(x,y,z)=x^3+y^3$의 극값을 구하면, 극점 $(0,0,t)$(단, $-1<t<1$)에서 극값 0을 얻는다. 또한, 집합 $x^2+y^2+z^2 \leqq 1$의 경계 $x^2+y^2+z^2=1$에서는 위 예에서 계산한 대로 f의 최댓값 및 최솟값을 구할 수 있다. 이 값들을 비교하여 최솟값 -1, 최댓값 1을 얻는다. ▲

$U \subset \mathbb{R}^n$의 부분집합 D가 여러 개의 방정식을 동시에 만족시키는 영역인 경우, 라그랑주 승수법은 다음과 같이 주어진다.

정리 4.18 조건식이 여러 개일 때 라그랑주 승수법

n-공간의 열린 영역 U에 정의된 k개의 C^1 함수들 $g_1, \dots, g_k : U \to \mathbb{R}$와 k개의 상수들 $c_1, \dots, c_k$에 대하여, U의 부분집합 $D=\{X \in U \mid g_j(X)=c_j,\ j=1,\dots,k\}$의 모든 점 X에 대해 그래디언트 $\nabla g_1(X), \dots, \nabla g_k(X)$가 일차독립이라 가정하자. U에서 정의된 C^1 함수 $f: U \to \mathbb{R}$에 대하여 점 $P \in D$가 함수 $\tilde{f}=f\mid_D : D \to \mathbb{R}$의 극점이면 다음 등식이 성립하는 상수들 $\lambda_1, \dots, \lambda_k$가 존재한다.

$$\nabla f(P)=\lambda_1 \nabla g_1(P)+\cdots+\lambda_k \nabla g_k(P)$$

증명 정리 4.14의 증명과 마찬가지로 주어진 가정으로부터 $t=t_0$일 때 P를 지나는 임의의 곡선 $X: I \to \mathbb{R}^3$에 대하여 다음 식을 얻는다.

$$\nabla f(P) \cdot X'(t_0)=0$$

곡선 $X(t)$는 모든 j에 대하여 $g_j(X(t))=c_j$를 만족하므로 미분하여

$$\nabla g_j(P) \cdot X'(t_0)=0$$

을 얻는다. k개의 그래디언트 벡터 $\nabla g_1(P), \dots, \nabla g_k(P)$가 일차독립이므로 $1 \leqq j \leqq k$에 대한 k개의 연립방정식이 D의 접평면을 정의하며, $\nabla f(P)$는 $\nabla g_1(P), \dots, \nabla g_k(P)$의 선형결합으로 주어진다.[8) ■

8) 엄밀히 말해, D 안에서 P를 지나는 곡선의 접선 벡터 $n-k$개를 일차독립이 되도록 선택할 수 있음을 보여야 이 증명이 성립한다. 이 사실은 5.6절의 음함수 정리의 아이디어를 이용해 설명할 수 있다.

연습문제 4.8 등식 $x^4 + y^4 = \dfrac{3}{4}$을 만족하는 실수 x, y에 대해 $x^2 y$의 최댓값을 구하시오.

연습문제 4.9 좌표공간 상의 영역 $x^2 + y^2 + 2z^2 \leq 4$ 에서 정의된 함수 $f(x,y,z) = x + yz$ 의 최댓값과 최솟값을 구하시오.

연습문제 4.10 좌표공간 상에서 $x^2 + y^2 + z^2 = 1$과 $x^4 y^2 z = 1$을 동시에 만족하는 점 (x,y,z)에 대하여 $x + 2y + 4z$의 최댓값과 최솟값을 구하시오.

연습문제 4.11 노르만 창문은 직사각형 위에 반원을 얹은 형태를 가지고 있다. 둘레의 길이가 고정되어 있을 때, 노르만 창문의 넓이가 최대가 되도록 하는 직사각형의 가로와 세로의 비율을 구하시오.

연습문제 4.12 아래 그림과 같이 주어진 열두 칸짜리 얼음통의 각 칸의 수평 단면은 한 변이 x인 정사각형 모양이고, 높이가 y이다. 따라서 이 얼음통을 만들기 위한 비용 함수는 다음 식으로 주어지는 플라스틱 판의 넓이에 비례한다.

$$f(x,y) = 6x \cdot 2x + 3 \cdot 6x \cdot y + 7 \cdot 2x \cdot y = 12x^2 + 32xy$$

고정된 부피를 가지는 얼음통을 만들기 위한 비용함수를 최소화하는 x와 y의 비를 구하시오.

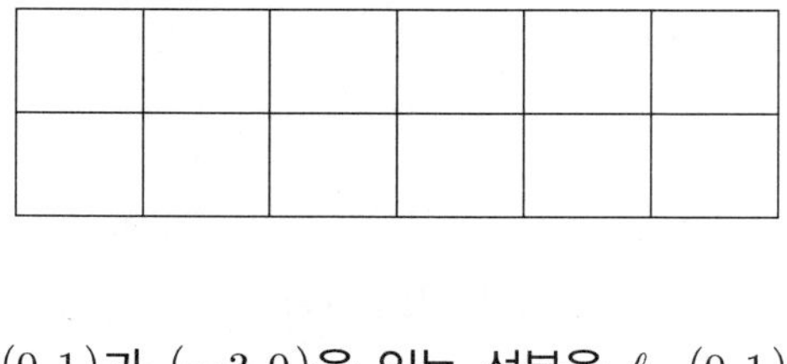

연습문제 4.13 좌표평면에서 $(0,1)$과 $(-3,0)$을 잇는 선분을 ℓ, $(0,1)$과 $(4,0)$을 잇는 선분을 ℓ'이라 하자. 선분 ℓ 위의 한 점 M과 선분 ℓ' 위의 한 점 N 및 원점을 꼭짓점으로 하는 삼각형 OMN의 넓이의 최댓값을 구하시오.

제5장

다변수 벡터함수의 미분

5.1 다변수 벡터함수

공간의 영역 $D \subset \mathbb{R}^m$의 각 점에 대하여 $\mathbb{R}^n$의 벡터를 대응시키는 함수를 **다변수 벡터함수**라 한다. 다변수 벡터함수 $F: D \to \mathbb{R}^n$는 다음과 같이 성분함수들 $f_1, \cdots, f_n : D \to \mathbb{R}$의 순서쌍으로 표현된다.

$$F(x_1, \cdots, x_m) = (f_1(x_1, \cdots, x_m), \cdots, f_n(x_1, \cdots, x_m)).$$

특히 $m=n$인 경우, 다변수 벡터함수를 **벡터장**이라고 한다. 이 경우에 벡터장 $F: D \to \mathbb{R}^n$은 영역 $D \subset \mathbb{R}^n$의 각 점마다 대응되는 벡터를 화살표로 붙여준 그림으로 표현된다. 벡터장은 물리적인 대상으로 자주 나타난다. 예컨대 수중의 각 점마다 그 점에서의 물의 속도를 대응시키는 벡터장, 공간의 각 점마다 그 점에서의 풍속을 대응시키는 벡터장이 있다.

예 5.1 $n=1$인 경우는 앞서 살펴본 다변수함수가 된다. 한편, $m=1$인 경우는 매개화된 곡선을 표현하는 것으로 이해할 수 있다. ▲

예 5.2 $m=n=2$인 경우, 벡터장 $F(x, y)=(x, y)$은 원점을 제외한 평면의 각 점에서 원점으로부터 멀어지는 방향으로 퍼져가는 벡터장을 나타낸다. 이때, 퍼져가는 속도가 일정한 벡터장을 정의하려면 $\widetilde{F}(x, y) = \dfrac{(x, y)}{\sqrt{x^2+y^2}}$로 벡터의 크기를 조정하면 된다. 또한, $G(x, y)=(y, -x)$로 정의되는 벡터장은 원점을 중심으로 시계 방향으로 회전하는 벡터장을 나타낸다. ▲

예 5.3 $m=2$, $n=3$인 경우, 함수 $\gamma : D(\subset \mathbb{R}^2) \to \mathbb{R}^3$는 $\gamma(u, v)=(x(u, v), y$

(u, v), $z(u, v))$와 같이 표현되며, 이는 매개화된 곡면을 나타낸다. 예컨대 $D = [0, 2\pi] \times \mathbb{R}$상에서 정의된 함수 $\gamma(u, v) = (\cos u, \sin u, v)$는 공간 $\mathbb{R}^3$ 내의 원통 $x^2 + y^2 = 1$을 매개화한다. 또한, $D = \left[-\frac{\pi}{2}, \frac{\pi}{2}\right] \times [0, 2\pi]$ 상에서 정의된 함수 $\gamma(u, v) = (\cos u \cos v, \cos u \sin v, \sin u)$는 단위 구면 $x^2 + y^2 + z^2 = 1$을 매개화한다. ▲

예 5.4 $m = n = 3$인 경우, $F(x, y, z) = (x, y, z)$는 원점을 제외한 공간의 각 점에서 원점으로부터 멀어지는 방향으로 퍼져가는 벡터장을 나타낸다. 특히, 질량 M인 물체가 원점에 놓여 있다고 하였을 때, 공간의 중력장은

$$\widetilde{F}(x, y, z) = \frac{GM}{(x^2 + y^2 + z^2)^{\frac{3}{2}}} \cdot (x, y, z)$$

으로 주어진다. 여기서 G는 중력상수이며, $|\widetilde{F}(x, y, z)| = \dfrac{GM}{|(x, y, z)|^2}$로서 중력장의 크기가 거리 제곱에 반비례함을 나타낸다. ▲

5.2 야코비 행렬과 야코비 행렬식

영역 $D \subset \mathbb{R}^m$상에 정의된 다변수 벡터함수

$$F = (f_1, \cdots, f_n) : D \to \mathbb{R}^n$$

의 각 성분함수 $f_1, \cdots, f_n$가 미분가능하다고 할 때 F의 미분은 각 성분함수에 대한 편미분을 통하여 얻은 다음 $n \times m$ 행렬 J_F로 정의되는 함수이다.

$$J_F := \left(\frac{\partial f_i}{\partial x_j}\right)_{\substack{1 \le i \le n \\ 1 \le j \le m}} = \begin{pmatrix} \frac{\partial f_1}{\partial x_1} & \cdots & \frac{\partial f_1}{\partial x_m} \\ & \ddots & \\ \frac{\partial f_n}{\partial x_1} & \cdots & \frac{\partial f_n}{\partial x_m} \end{pmatrix}$$

여기서 각 행은 성분함수 $f_1, \cdots, f_n$의 그래디언트로 주어짐을 알 수 있다. **야코비 행렬**은 다음과 같이 여러 가지로 표현된다.

$$J_F = \left(\frac{\partial f_i}{\partial x_j}\right)_{\substack{1 \le i \le n \\ 1 \le j \le m}} = \frac{\partial(f_1, \cdots, f_n)}{\partial(x_1, \cdots, x_m)}$$

예 5.5 $n=1$인 경우, 다변수함수 $f(x_1, \cdots, x_m)$의 야코비 행렬은 이 함수의 그래디언트와 같다. 한편, $m=1$, $n=3$인 경우, 매개화된 곡선 $\gamma(t)=(x(t), y(t), z(t))$의 야코비 행렬은 이 곡선의 속도벡터 $\gamma'(t)=(x'(t), y'(t), z'(t))$와 같다.[9) ▲

예 5.6 벡터장 $F(x, y)=(x, y)$의 야코비 행렬은 항등행렬이다. 또한, 벡터장 $G(x, y)=(y, -x)$의 야코비 행렬은 $J_G = \begin{pmatrix} 0 & 1 \\ -1 & 0 \end{pmatrix}$이다. ▲

예 5.7 매개화된 곡면 $\gamma(u, v)=(x(u, v), y(u, v), z(u, v))$의 야코비 행렬은 $J_\gamma = \begin{pmatrix} x_u & x_v \\ y_u & y_v \\ z_u & z_v \end{pmatrix}$이다. 예를 들어, 단위 구면 $\gamma(u, v)=(\cos u \cos v, \cos u \sin v, \sin u)$의 야코비 행렬은

$$J_\gamma = \begin{pmatrix} -\sin u \cos v & -\cos u \sin v \\ -\sin u \sin v & \cos u \cos v \\ \cos u & 0 \end{pmatrix}$$

이다. ▲

예 5.8 벡터장 $F(x, y, z) = \dfrac{(x, y, z)}{(x^2+y^2+z^2)^{1/2}}$의 야코비 행렬은

$$J_F = \frac{1}{(x^2+y^2+z^2)^{3/2}} \begin{pmatrix} y^2+z^2 & -xy & -xz \\ -xy & x^2+z^2 & -yz \\ -xz & -yz & x^2+y^2 \end{pmatrix}$$

이다. ▲

다변수함수의 그래디언트와 곡선의 속도벡터와 마찬가지로 야코비 행렬은 주어진 함수 F에 가장 근사한 선형함수에 대응된다.

---

9) 정확히는 $\gamma'(t)=(x'(t), y'(t), z'(t))$의 전치행렬로 주어지는 3×1 행렬이다.

정리 5.9

영역 $D \subset \mathbb{R}^m$에서 정의된 다변수 벡터함수 $F: D \to \mathbb{R}^n$의 각 성분함수가 미분가능하다면 정의역 D의 고정된 점 $P=(p_1, \cdots, p_m)$와 점 $X=(x_1, \cdots, x_m)$에 대하여 다음 극한이 성립한다.

$$\lim_{X \to P} \frac{|F(X)-F(P)-J_F(P)(X-P)|}{|X-P|} = 0$$ [10)]

증명 $F(x_1, \cdots, x_m)=(f_1(x_1, \cdots, x_m), \cdots, f_n(x_1, \cdots, x_m))$라 하면 각 성분함수 f_i에 대하여 다음 극한이 성립함을 이미 알고 있다.

$$\lim_{X \to P} \frac{|f_i(X)-(f_i(P)+\nabla f_i(P) \cdot (X-P))|}{|X-P|} = 0$$

보조정리 2.24로부터 원하는 극한을 얻을 수 있다. ■

이는 함수 $F(X)$가 점 P 근방에서 다음 일차 근사식을 가지는 것으로 이해할 수 있다.

$$F(X) \approx F(P)+J_F(P)(X-P)$$

n-공간의 영역 D에서 정의된 다변수 벡터함수 $F: D \to \mathbb{R}^n$의 야코비 행렬의 행렬식을 **야코비 행렬식**이라 한다. 야코비 행렬식의 기하적 의미는 다음과 같다. 일반적으로 선형사상의 행렬식의 크기는 선형사상의 넓이(부피) 변화율을 뜻한다. 야코비 행렬 $J_F(P)$은 점 P에서 함수 F의 일차 근사를 나타내는 행렬이므로, 야코비 행렬식 $\det J_F(P)$의 크기는 점 P에서 함수 F의 순간 넓이(부피) 변화율을 의미한다.

특히 $m=n=2$인 경우에 이 사실을 좀 더 자세히 확인해 보자. 두 벡터 V와 W가 이루는 평행사변형의 면적을 $Area\langle V, W\rangle$라 하면 다음이 성립한다.

정리 5.10

영역 $D \subset \mathbb{R}^2$에서 정의된 벡터함수 $F: D \to \mathbb{R}^2$에 대하여 $(a, b) \in D$일 때,

$$|\det J_F(a, b)| = \lim_{s,t \to 0} \frac{Area\langle F(a+s, b)-F(a, b), F(a, b+t)-F(a, b)\rangle}{|st|}$$

10) 여기서는 행렬계산의 관습에 따라 $J_F(P)$에 $(X-P)$의 전치행렬을 곱한 것으로 이해해야 한다.

증명 $F(x, y) = (f(x, y), g(x, y))$라 하면

$$\lim_{s \to 0} \frac{F(a+s, b) - F(a, b)}{s} = (f_x(P), g_x(P)),$$

$$\lim_{t \to 0} \frac{F(a, b+t) - F(a, b)}{t} = (f_y(P), g_y(P))$$

이다. 따라서 두 벡터 $F(a+s, b) - F(a, b)$와 $F(a, b+t) - F(a, b)$가 이루는 평행사변형의 면적을 st로 나눈 값에 대하여 $s, t \to 0$일 때의 극한값은 $Area\langle (f_x(P), g_x(P)), (f_y(P), g_y(P)) \rangle$와 같고, 이는 야코비 행렬식 $\det J_F(P)$의 크기와 같다. ■

이 증명을 n차원 영역 $D \subset \mathbb{R}^n$에서 정의된 벡터함수 $F: D \to \mathbb{R}^n$에 대해 일반화하면, 다음 극한식을 얻는다.

$$|\det J_F(P)| = \lim_{s_1, \ldots, s_n \to 0} \frac{Volume\langle F(P+s_1\mathbf{e}_1) - F(P), \ldots, F(P+s_n\mathbf{e}_n) - F(P) \rangle}{|s_1 \cdots s_n|}$$

연습문제 5.1 다음 함수들의 야코비 행렬과 야코비 행렬식을 구하라.

(1) $P(r, \theta) = (r\cos\theta, r\sin\theta)$

(2) $S(\rho, \phi, \theta) = (\rho\cos\phi\cos\theta, \rho\cos\phi\sin\theta, \rho\sin\phi)$

(3) $F(x, y) = (e^x\cos y, e^x\sin y)$

(4) $G(x, y) = (x^2 - y^2, 2xy)$

(5) $C(r, \theta, z) = (r\cos\theta, r\sin\theta, z)$

5.3 벡터함수의 연쇄법칙

다변수 벡터함수의 계산에 관하여 매우 중요한 공식으로서 합성함수에 대한 미분을 다루는 **연쇄법칙**이 있다. 미분가능한 일변수함수의 합성 $g \circ f$의 미분은

$$(g \circ f)'(x) = g'(f(x))f'(x)$$

로 주어짐을 알고 있다. 연쇄법칙은 이를 일반화한 정리이다.

정리 5.11 연쇄법칙

영역 $D_1 \subset \mathbb{R}^l$과 $D_2 \subset \mathbb{R}^m$에 대하여 벡터함수 $F : D_1 \to D_2$와 $G : D_2 \to \mathbb{R}^n$의 합성함수 $G \circ F : D_1 \to \mathbb{R}^n$의 야코비 행렬은 다음과 같이 계산된다.

$$J_{G \circ F}(P) = J_G(F(P))\, J_F(P)$$

증명을 하기 전에 이 등식의 의미를 살펴보자. 좌변은 합성함수 $G \circ F$ 의 $n \times l$ 야코비 행렬이고, 우변은 G의 $n \times m$ 야코비 행렬과 F의 $m \times l$ 야코비 행렬의 곱이다. 즉, 이 등식은 두 행렬의 각 성분이 일치함을 의미한다.

증명 일반적인 경우는 기호가 복잡해지므로 $l = m = n = 2$인 경우를 살펴보자. $P = (u_0, v_0)$이고 각각의 함수가 $F(u, v) = (x(u, v), y(u, v))$, $G(x, y) = (\alpha(x, y), \beta(x, y))$라 하면 이변수함수 $\tilde{\alpha}(u, v) = \alpha(x(u, v), y(u, v))$의 u방향 편미분은 변수 v가 상수 v_0로 고정되었을 때 변수 u에 대한 일변수함수 $\alpha(x(u, v_0), y(u, v_0))$의 미분과 같다. 따라서 일변수함수에 대한 합성함수 미분법에 의하여

$$\frac{\partial \tilde{\alpha}}{\partial u}(P) = \frac{\partial \alpha}{\partial x}(F(P))\frac{\partial x}{\partial u}(P) + \frac{\partial \alpha}{\partial y}(F(P))\frac{\partial y}{\partial u}(P).$$

이는 증명하고자 하는 등식의 양 변의 행렬의 (1, 1)성분이 서로 일치함을 의미한다. 다른 성분들이 각각 일치하는 것도 마찬가지로 알 수 있다. ■

예 5.12 $l = m = n = 2$이고 두 함수 F, G가 선형사상인 경우를 생각해보자. 즉, 2×2 행렬 A와 B에 대하여 $F(x, y) = A\begin{pmatrix} x \\ y \end{pmatrix}$, $G(x, y) = B\begin{pmatrix} x \\ y \end{pmatrix}$로 주어질 때, $G \circ F\ (x, y) = BA\begin{pmatrix} x \\ y \end{pmatrix}$이다. 이 경우, $J_{G \circ F} = BA$, $J_F = A$, $J_G = B$이므로 정리 5.11의 연쇄법칙이 자명하게 성립한다. ▲

예 5.13 $(r, \theta) \in (0, \infty) \times (-\frac{\pi}{2}, \frac{\pi}{2})$, $(x, y) \in (0, \infty) \times (-\infty, \infty)$에 대하여 $F(r, \theta) = (r\cos\theta, r\sin\theta)$, $G(x, y) = (\sqrt{x^2 + y^2}, \arctan(y/x))$라 하면 $G \circ F = I$임을 알고 있다. 연쇄법칙에 의하여

$$J_{G \circ F}\begin{pmatrix} r \\ \theta \end{pmatrix} = \left.\begin{pmatrix} \dfrac{x}{\sqrt{x^2+y^2}} & \dfrac{y}{\sqrt{x^2+y^2}} \\ \dfrac{-y}{x^2+y^2} & \dfrac{x}{x^2+y^2} \end{pmatrix}\right|_{\substack{x = r\cos\theta \\ y = r\sin\theta}} \begin{pmatrix} \cos\theta & -r\sin\theta \\ \sin\theta & r\cos\theta \end{pmatrix}$$

$$= \begin{pmatrix} \cos\theta & \sin\theta \\ -\dfrac{1}{r}\sin\theta & \dfrac{1}{r}\cos\theta \end{pmatrix} \begin{pmatrix} \cos\theta & -r\sin\theta \\ \sin\theta & r\cos\theta \end{pmatrix}$$

$$= \begin{pmatrix} 1 & 0 \\ 0 & 1 \end{pmatrix}.$$

▲

예 5.14 $(u, v) = (e^x\cos y, e^x\sin y)$이고 $(x, y) = (s+t, s-t)$일 때,

$$\frac{\partial(u, v)}{\partial(s, t)} = \begin{pmatrix} e^x\cos y - e^x\sin y \\ e^x\sin y & e^x\cos y \end{pmatrix}\begin{pmatrix} 1 & 1 \\ 1 & -1 \end{pmatrix}$$

$$= e^x\begin{pmatrix} \cos y - \sin y & \cos y + \sin y \\ \cos y + \sin y & -\cos y + \sin y \end{pmatrix}.$$

▲

예 5.15 중요한 미분방정식에 등장하는 미분작용소로 라플라스 연산자 ∇^2가 있다. 직교좌표계에서 라플라스 연산자는 다음과 같이 주어진다.

$$\nabla^2 f(x_1, \ldots, x_n) = \sum_{i=1}^{n} \frac{\partial^2 f}{\partial x_i^2}$$

평면에서 극좌표를 사용하여 함수 $f(x,y)$를 $g(r,\theta) = f(r\cos\theta, r\sin\theta)$로 표현했을 때 라플라스 연산자의 형태가 어떻게 바뀌는지 알아보자. 연쇄법칙에 의하여,

$$\begin{cases} \dfrac{\partial g}{\partial r} = \cos\theta\dfrac{\partial f}{\partial x} + \sin\theta\dfrac{\partial f}{\partial y} \\ \dfrac{\partial g}{\partial \theta} = -r\sin\theta\dfrac{\partial f}{\partial x} + r\cos\theta\dfrac{\partial f}{\partial y} \end{cases}$$

각 변수에 대해 다시 미분하면,

$$\begin{cases} \dfrac{\partial^2 g}{\partial r^2} = \cos^2\theta\dfrac{\partial^2 f}{\partial x^2} + 2\cos\theta\sin\theta\dfrac{\partial^2 f}{\partial x\partial y} + \sin^2\theta\dfrac{\partial^2 f}{\partial y^2} \\ \dfrac{\partial^2 g}{\partial \theta^2} = r^2\sin^2\theta\dfrac{\partial^2 f}{\partial x^2} - 2r^2\cos\theta\sin\theta\dfrac{\partial^2 f}{\partial x\partial y} + r^2\cos^2\theta\dfrac{\partial^2 f}{\partial y^2} \\ \qquad\quad - r\cos\theta\dfrac{\partial f}{\partial x} - r\sin\theta\dfrac{\partial f}{\partial y} \end{cases}$$

따라서 다음 등식을 얻는다.

$$\nabla^2 f = \frac{\partial^2 f}{\partial x^2} + \frac{\partial^2 f}{\partial y^2} = \frac{\partial^2 g}{\partial r^2} + \frac{1}{r^2}\frac{\partial^2 g}{\partial \theta^2} + \frac{1}{r}\frac{\partial g}{\partial r}$$ ▲

연습문제 5.2 함수 $f(\alpha, \beta) = (\alpha + \beta, \alpha\beta)$와 $g(x, y) = x^2 - 4y$를 합성한 합성함수 $g \circ f$는 $g(f(\alpha, \beta)) = (\alpha - \beta)^2$이다. 이 합성함수의 편미분이 연쇄법칙을 이용해 계산한 결과와 일치함을 보여라.

연습문제 5.3 $\alpha(t) = (\cos t, \sin t)$이고 $f(x, y) = x^2 + y^2$, $g(x, y) = x^2 - y^2$일 때, 미분 $\frac{d}{dt}(f \circ \alpha)(t)$와 $\frac{d}{dt}(g \circ \alpha)(t)$를 연쇄법칙을 이용해 계산하고 이를 직접 계산한 결과와 비교하라.

연습문제 5.4 $F(r, \theta) = (r\cos\theta, r\sin\theta)$이고 $G(x, y) = (x^2 - y^2, 2xy)$일 때, 합성함수 $G \circ F$의 야코비 행렬이 연쇄법칙을 이용해 계산한 결과와 일치함을 보여라.

5.4 평균값 정리

평균값 정리는 주어진 함수를 일차함수로 근사하여 다룰 때 수학적으로 엄밀한 계산을 가능하도록 한다.

정리 5.16 다변수함수의 평균값 정리

열린 영역 $D \subset \mathbb{R}^n$에서 정의된 함수 $f: D \to \mathbb{R}$가 미분가능하면, 영역 D 안에서 선분으로 연결되는 두 점 $X_1, X_2 \in D$에 대하여 다음 등식이 성립하도록 하는 점 $P \in D$가 있다.

$$f(X_1) - f(X_2) = \nabla f(P) \cdot (X_1 - X_2)$$

증명 영역 D 안에서 두 점 X_1과 X_2를 연결하는 선분 $\alpha(t) = tX_1 + (1-t)X_2$를 잡자. 그러면 합성함수 $g(t) = f(\alpha(t))$는 일변수함수가 되고 이 함수에 대한 평균값 정리에 의하여

$$g(1) - g(0) = g'(c)$$

가 성립하는 값 $c \in (0,\ 1)$가 있다. 여기서 $g(0) = f(X_2)$, $g(1) = f(X_1)$이고, $g(c) = P$라 하면 $g'(c) = \nabla f(P) \cdot (X_1 - X_2)$이므로 원하는 등식을 얻는다. ■

따름정리 5.17

영역 $B_r(P) \subset \mathbb{R}^n$에서 정의된 함수 $f : B_r(P) \to \mathbb{R}$가 미분가능하고, 모든 점 X에서 $\nabla f(X) = O$이면, f는 상수함수이다.

정리 5.18 다변수 벡터함수의 평균값 부등식

열린 영역 $D \subset \mathbb{R}^m$에서 정의된 함수 $F : D \to \mathbb{R}^n$가 미분가능하고, 두 점 $X_1,\ X_2 \in D$이 영역 D 안에서 선분으로 연결된다고 하자. 이 선분 위에서 $J_F(X)$의 모든 원소의 절댓값이 M이하이면, 다음 부등식이 성립한다.

$$|F(X_1) - F(X_2)| \leq \sqrt{nm}\, M |X_1 - X_2|$$

증명 벡터함수 F의 각 성분함수 f_i에 대하여 평균값 정리를 적용하면,

$$f_i(X_1) - f_i(X_2) = \nabla f_i(P_i) \cdot (X_1 - X_2)$$

이다(P_i는 두 점을 잇는 선분 위의 점). 코시-슈바르츠 부등식에 의하여,

$$|f_i(X_1) - f_i(X_2)| \leq |\nabla f_i(P_i)|\,|X_1 - X_2| \leq \sqrt{\sum_{k=1}^{m} \left(\frac{\partial f_i}{\partial x_k}(P_i) \right)^2}\, |X_1 - X_2|$$

이고, $\left| \dfrac{\partial f_i}{\partial x_k}(P_i) \right| \leq M$이므로 원하는 부등식을 얻는다. ■

5.5 역함수 정리

영역 $D\subset\mathbb{R}^n$에서 정의된 함수 $F: D\to\mathbb{R}^n$에 대하여 역함수 F^{-1}가 존재하고 F와 F^{-1}의 성분함수들이 모두 미분가능하다고 하자. 그러면 연쇄법칙에 의하여 $Q=F(P)$일 때, $I=J_{F^{-1}}(Q)\cdot J_F(P)$이고, 따라서 다음 등식이 성립한다.

$$J_{F^{-1}}(Q)=J_F(P)^{-1}$$

특히 야코비 행렬 $J_F(P)$은 가역이다. 이 절에서는 언제 역함수가 미분가능해서 위 공식을 적용할 수 있는가 하는 질문을 다룬다.

미분가능한 역함수가 존재하기 위하여 F가 일대일함수이어야 하는 것은 필수적이다. 하지만 충분조건이 아님은 일변수함수의 예 $f(x)=x^3$로부터 쉽게 알 수 있다. 이 경우, 역함수 $f^{-1}(x)=\sqrt[3]{x}$가 정의되지만, $x=0$에서 미분가능하지 않다. 이 예를 살펴보면 $f'(0)=0$이어서 (1×1 행렬로서) 가역이 아니다. 위 공식이 성립하려면 물론 $J_F(P)$가 가역행렬이어야 한다. 역함수 정리는 야코비 행렬 $J_F(P)$이 가역임을 가정하면 역함수가 P 근방에서 정의되며, 미분가능하다는 것을 보여준다.

정리 5.19 역함수 정리

영역 $D\subset\mathbb{R}^n$에서 정의된 C^1인 함수 $F: D\to\mathbb{R}^n$에 대하여 점 $P\in D$에서 야코비 행렬 $J_F(P)$이 가역이면 P 근방의 작은 공 $B_r(P)$과 $Q=F(P)$ 근방의 작은 공 $B_d(Q)$이 존재하여 C^1인 역함수 $F^{-1}: B_d(Q)\to B_r(P)$를 정의할 수 있다.

증명 우선 일변수함수 $f:\mathbb{R}\to\mathbb{R}$인 경우의 증명을 살펴보자. 함수 f가 C^1이고 $f'(x_0)>0$이라 가정하면 도함수 f'의 연속성에 의하여 양수 r가 존재하여 $B_r(x_0)=(x_0-r,\ x_0+r)$의 임의의 점 x에서 $f'(x)>0$이다. 따라서 평균값 정리를 적용하면 f는 이 구간에서 증가함수이다. 마찬가지로 $f'(x_0)<0$인 경우에는 감소함수가 된다. 따라서 어느 경우든 $y_0=f(x_0)$ 근방의 작은 구간 $B_d(y_0)=(y_0-d,\ y_0+d)$에서 역함수 f^{-1}이 정의된다. 고정된 x에 대하여 $\Delta(h)=f(x+h)-f(x)$라 하면, $\lim_{h\to 0}\Delta(h)=0$이다. 따라서 $y=f(x)$에 대하여

$$\lim_{h\to 0}\frac{f^{-1}(y+\Delta(h))-f^{-1}(y)}{\Delta(h)}=\lim_{h\to 0}\frac{h}{f(x+h)-f(x)}=\frac{1}{f'(x)}.$$

그러므로, 역함수의 도함수 $(f^{-1})'(y)$가 존재하고 $f'(x)$가 연속이므로 $(f^{-1})'(y)$도 연속이다.

이와 같이 일변수 함수인 경우에는 x_0의 근방에서 $f'(x) \neq 0$라는 조건으로부터 증가 또는 감소함수임을 설명할 수 있으나, 일반적으로 다변수 함수의 경우에는 P의 근방이 여러 방향을 포함하므로 $\det J_F(X) \neq 0$라는 조건으로부터 모든 방향으로 증가 또는 감소함수라고 단정할 수 없다. 이에 따라 P의 근방에서 가역함수가 됨을 보이기 위해 좀 더 긴 증명이 필요하다.
우선, 가역인 선형사상

$$L(X) = J_F(P)^{-1}X$$

와 F의 합성함수 $L \circ F$에 대하여 다음이 성립한다.

$$J_{L \circ F}(P) = J_L(Q) \cdot J_F(P) = J_F(P)^{-1} \cdot J_F(P) = I_{n \times n}$$

주어진 함수 F 대신 $L \circ F$에 대하여 역함수정리를 보여도 충분하므로, 처음부터 $J_F(P) = I_{n \times n}$이라 가정하고 증명해도 충분하다.

(1단계) 닫힌 공 $\overline{B}_r(P)$의 모든 점 X에 대하여 다음 세 조건이 성립하도록 양수 r를 잡자.

(i) $X \neq P \Rightarrow F(X) \neq Q$

(ii) $\det(J_F(X)) \neq 0$

(iii) $J_F(X) - I_{n \times n}$의 각 원소의 절댓값은 $\dfrac{1}{2n}$ 이하이다.

이렇게 되도록 양수 r를 잡을 수 있는 이유는 다음과 같다.

(i) 가정 $J_F(P) = I_{n \times n}$으로부터 $\lim\limits_{X \to P} \dfrac{|F(X) - (Q + X - P)|}{|X - P|} = 0$이므로, P를 제외한 P 근방의 점들에 대해서는 $F(X) \neq Q$이다.

(ii) $\det(J_F(X))$가 P 근방의 연속함수이고, $\det(J_F(P)) = 1$이므로, P 근방의 점 X에 대하여 $\det(J_F(X)) \neq 0$이다.

(iii) 행렬 $J_F(X) - I_{n \times n} = (a_{ij}(X))$의 각 원소는 P 근방의 연속함수이고, $a_{ij}(P)$는 영행렬이므로, P 근방의 점 X에 대하여 $|a_{ij}(X)| \leqq \dfrac{1}{2n}$이다.

최대·최솟값 정리(정리 2.19)에 의하여, 거리 함수 $|F(X) - Q|$는 컴팩트 영역인 공의 경계 $\partial B_r(P)$ 위에서 최솟값 m을 가진다. 조건 (i)에 의하여 $m > 0$이다.

$d = \frac{m}{2}$ 라 하면, $X \in \partial B_r(P)$, $Y \in B_d(Q)$ 에 대하여

$$(\bigstar) \qquad |Y - F(X)| \geqq |F(X) - Q| - |Q - Y| \geqq m - d = d > |Y - Q|$$

이다.

이제 임의의 $Y \in B_d(Q)$에 대하여 $Y = F(X)$가 되도록 하는 X가 $B_r(P)$ 안에 유일하게 존재함을 보이자.

(2단계) 먼저 존재성을 보이기 위하여 $Y \in B_d(Q)$에 대하여 $\overline{B_r}(P)$에서 정의된 함수

$$h(X) = |Y - F(X)|^2 = \sum_{i=1}^{n} (y_i - f_i(X))^2$$

를 생각해보자. 이 함수는 연속이므로 $\overline{B_r}(P)$에서 최솟값을 가진다. 한편, 앞에서 얻은 부등식 (★)로부터 공의 경계 $\partial B_r(P)$가 아닌 내부 $B_r(P)$에서 최솟값을 가짐을 알 수 있다. 최솟값을 가지는 내부 점을 $X_0 \in B_r(P)$라 하면, 각 j에 대하여 다음이 성립한다.

$$0 = \frac{\partial h}{\partial x_j}(X_0) = -2 \sum_{i=1}^{n} (y_i - f_i(X_0)) \cdot \frac{\partial f_i}{\partial x_j}(X_0)$$

즉, $(Y - F(X_0)) \cdot J_F(X_0) = O$이다. 조건 (ii)에 의하여 야코비 행렬 $J_F(X_0)$이 가역이므로, $Y = F(X_0)$이다.

(3단계) 마지막으로 유일성을 보이기 위하여 $Y = F(X_1) = F(X_2)$라 가정하고 부등식 $|X_1 - X_2| \leqq 2|F(X_1) - F(X_2)|$이 성립함을 보이자.

함수 $G(X) = F(X) - X$에 대해 삼각부등식을 적용하면,

$$\begin{aligned} |G(X_1) - G(X_2)| &= |(X_1 - X_2) - (F(X_1) - F(X_2))| \\ &\geq |X_1 - X_2| - |F(X_1) - F(X_2)| \end{aligned}$$

이다. 또한, 다변수 벡터함수의 평균값 부등식(정리 5.17)과 조건 (iii)에 의하여

$$|G(X_1) - G(X_2)| \leqq n \cdot \frac{1}{2n}|X_1 - X_2| = \frac{1}{2}|X_1 - X_2|$$

이므로 정리하여 원하는 부등식을 얻는다.

따라서 $|X_1 - X_2| \leqq 2|F(X_1) - F(X_2)| = 0$이므로 $X_1 = X_2$이다.

따라서 역함수 $F^{-1} : B_d(Q) \to B_r(P)$가 정의된다. 이 함수가 연속이고 나아가 C^1임을 보이는 것은 독자에게 맡긴다.[11) ■

예 5.20 $F(x, y) = (x+y, xy)$라 하면 $J_F(x, y) = \begin{pmatrix} 1 & 1 \\ y & x \end{pmatrix}$이므로 $\det J_F(x, y) \neq 0$일 필요충분조건은 $x \neq y$이다. 이 경우, $u = x+y$, $v = xy$에 대하여 $x > y$인 영역에서 역함수는

$$x = \frac{1}{2}(u + \sqrt{u^2 - 4v}), \quad y = \frac{1}{2}(u - \sqrt{u^2 + 4v})$$

로 주어진다. ▲

예 5.21 $\det J_F(P) = 0$이어도 역함수가 존재할 수 있다. 예를 들어 $f(x) = x^3$은 $f'(0) = 0$이지만 역함수 $f^{-1}(y) = \sqrt[3]{y}$가 존재한다. 그러나 역함수는 $y = 0$에서 미분가능하지 않다. 앞서 살펴본 바와 같이 역함수가 미분가능하려면 반드시 $\det J_F(P) \neq 0$이어야 한다. ▲

예 5.22 $G(x, y) = (e^x \cos y, e^x \sin y)$라 하면 $\det J_G(x, y) = e^{2x} \neq 0$이다. $G(x, y) = G(x, y+2\pi)$이기 때문에 함수 G는 일대일함수가 아니다. 따라서 $\mathbb{R}^2$ 전체에서 역함수가 존재하는 것은 아니다. 하지만 모든 점 (x, y)에서 함수 G의 역함수를 정의할 수 있는 열린 근방을 찾을 수 있다. 예를 들어 $\left\{-\infty < x < \infty, -\frac{\pi}{2} < y < \frac{\pi}{2}\right\}$으로 정의역을 제한하면 역함수가 다음과 같이 주어진다.

$$x = \ln\sqrt{u^2 + v^2}, \quad y = \arctan\frac{v}{u}$$ ▲

연습문제 5.5 오른쪽 반평면 $(r,\theta) : r > 0$에서 정의된 함수 $F(r,\theta) = (r\cos\theta, r\sin\theta)$의 정의역을 $P(r_0, \theta_0)$ 근방의 열린 공 $B_R(P)$로 제한한 함수가 일대일 함수가 되도록 하려고 한다. 열린 공의 반지름 R은 최대 얼마까지 크게 할 수 있는가?

연습문제 5.6 $\mathbb{R}^2$ 평면 전체에서 정의된 함수 $P(x, y) = (x^2 - y^2, 2xy)$는 원점이 아닌 임의의 점에서 역함수를 정의할 수 있는 열린 근방 U가 존재함을 보여라.

---

11) 정리 전체에 대한 증명은 [Rudin, pp. 221-223]을 참고할 것.

연습문제 5.7 함수 $H(x,\ y) = (x^3 + xy + y^3,\ 2xy)$는 직선 $x = y$의 밖에 놓인 임의의 점에서 역함수를 정의할 수 있는 열린 근방이 존재함을 보여라. 또한 점 $H(1,\ -1)\ = (-1,\ -2)$에서 역함수의 야코비 행렬 $J_{H^{-1}}(-1,\ -2)$을 구하라.

연습문제 5.8 $\mathbb{R}^3$ 전체에서 정의된 함수

$$S(\rho,\ \phi,\ \theta) = (\rho \sin\phi \cos\theta,\ \rho \sin\phi \sin\theta,\ \rho \cos\phi)$$

는 $\rho \neq 0,\ \phi \neq n\pi$인 임의의 점 $(\rho,\ \phi,\ \theta)$에서 역함수를 정의할 수 있는 열린 근방 U가 존재함을 보여라.

연습문제 5.9 $\mathbb{R}^3$ 전체에서 정의된 함수 $C(r,\ \theta,\ z)\ = (r\cos\theta,\ r\sin\theta,\ z)$는 $r \neq 0$인 임의의 점 $(r,\ \theta,\ z)$에서 역함수를 정의할 수 있는 열린 근방 U가 존재함을 보여라.

연습문제 5.10 함수 $F(x,y) = (x^3 - 3xy^2, 3x^2y - y^3)$에 대하여 다음에 답하시오.

(1) 극좌표로 표현한 점에서 함숫값 $F(r\cos\theta, r\sin\theta)$을 계산하여 간단히 나타내시오.

(2) 함수 $F(x,y)$를 점 $P(1,0)$를 중심으로 하는 열린 공 $B_r(P)$에 제한한 함수가 일대일 함수가 되도록 하는 반지름 r의 최댓값을 구하시오.

(3) 점 $Q = F(P) = (1,0)$ 근방에서 함수 $F(x,y)$의 역함수를 $G(u,v)$라 할 때 $J_G(Q)$를 구하시오.

5.6 음함수 정리

일변수함수 $f: D \to \mathbb{R}$의 그래프는 임의의 $a \in D$에 대하여 직선 $x = a$과 1개의 점에서 만나야 한다. 따라서 예컨대 원 $x^2 + y^2 = 1$은 함수의 그래프가 될 수 없다. 하지만 점 $(0,\ 1)$ 근방의 반원 $(x^2 + y^2 = 1,\ y > 0)$으로 제한하면 함수 $y(x) = \sqrt{1 - x^2}$의 그

래프가 된다. 마찬가지로 점 $(1, 0)$ 근방의 반원 $(x^2+y^2=1,\ x>0)$은 함수 $x(y)=\sqrt{1-y^2}$의 그래프로 이해할 수 있다. 이와 같이 변수 간의 관계식으로 주어진 음함수를 $y=f(x)$ 또는 $x=g(y)$ 꼴의 (양)함수로 표현하거나 또는 반대 작업을 할 필요가 있다.

앞의 예에서 중요한 점은 $h(x, y)=x^2+y^2-1$이라 하였을 때 $h_y(0, 1)\neq 0$이고 $h_x(1, 0)\neq 0$이라는 것이다. 이에 따라 점 $(0, 1)$ 근방에서는 y를 x에 대한 함수로 볼 수 있고, 점 $(1, 0)$ 근방에서는 x를 y에 대한 함수로 볼 수 있었다.[12)] 일반적으로 다음 정리를 얻는다.

정리 5.23 ***n*-음함수 정리**

다변수함수 $h(x_1, \cdots, x_n)$가 C^1일 때, 등위면 $h^{-1}(c)=\{(x_1, \cdots, x_n): h(x_1, \cdots, x_n)=c\}$의 한 점 $P=(p_1, \cdots, p_n)$에서

$$\frac{\partial h}{\partial x_i}(P)\neq 0$$

이면 $h^{-1}(c)$는 P 근방에서 어떤 C^1함수 $x_i=f(x_1, \cdots, x_{i-1}, x_{i+1}, \cdots, x_n)$의 그래프와 같다. 또한 점 $Q=(p_1, \cdots, p_{i-1}, p_{i+1}, \cdots, p_n)$과 $j\neq i$에 대하여

$$\frac{\partial f}{\partial x_j}(Q)=-\frac{\partial h}{\partial x_j}(P)\Big/\frac{\partial h}{\partial x_i}(P).$$

증명 가장 간단한 $h=h(x, y)$이고 $\frac{\partial h}{\partial x}(x_0, y_0)\neq 0$인 경우만 살펴보자. 이변수 벡터함수 $H(x, y)=(h(x, y), y)$의 야코비 행렬은

$$J_H(x_0, y_0)=\begin{pmatrix}\frac{\partial h}{\partial x}(x_0, y_0) & \frac{\partial h}{\partial y}(x_0, y_0)\\ 0 & 1\end{pmatrix}$$

이므로 가역이다. 따라서 역함수 정리에 의하여 (x_0, y_0) 근방에서 역함수가 존재한다. $H^{-1}(u, v)=(f(u, v), g(u, v))$라 하면 $H^{-1}(H(x, y))=(x, y)$이므로

12) 이 현상을 좀 더 살펴보면 함수 $y=f(x)$의 그래프의 점 (x_0, y_0)에서 음함수 $h(x, y)=y-f(x)$의 그래디언트 $\nabla h(x_0, y_0)=(-f'(x_0), 1)$는 반드시 y방향 편미분이 0이 아니어야 한다.

$$x = f(h(x, y), y), \quad y = g(h(x, y), y)$$

이다. 특히, 등위면 $h^{-1}(c)$상의 점 (x, y)에 대하여 $x = f(c, y)$가 성립한다. 역함수 H^{-1}가 C^1이므로 f도 C^1이다.

이제 등식 $h(x_1, \cdots, x_n) = c$에서 x_i를 다른 변수들의 함수 $f(x_1, \cdots, x_{i-1}, x_{i+1}, \cdots, x_n)$로 놓고 양변을 x_j로 미분하면 마지막 등식을 얻는다.[13) ■

음함수 정리는 다변수함수의 등위면 $h(x_1, \cdots, x_n) = c$의 점 P에서 $\nabla h(P) \neq (0, \cdots, 0)$이면 등위면을 P 근방에서 적당한 함수의 그래프로 이해할 수 있음을 보여준다.

예 5.24 단위원 $C : h(x, y) = x^2 + y^2 = 1$상의 점 $P = (x_0, y_0)$에서 $\nabla h(P) = 2(x_0, y_0)$이므로 $(\pm 1, 0)$을 제외한 모든 점의 근방에서 원 C은 함수 $y = f(x) = \pm\sqrt{1 - x^2}$의 그래프로 표현된다. 또한 다음 등식이 성립함을 확인할 수 있다.

$$f'(x_0) = -\frac{x_0}{\sqrt{1 - x_0^2}} = -\frac{h_x}{h_y}(x_0, y_0)$$ ▲

예 5.25 곡면 $S : h(x, y, z) = x^2 + 2y^2 + 3z^2 = 1$에서 $\nabla h(x_0, y_0, z_0) = 2(x_0, 2y_0, 3z_0)$이므로 $z_0 \neq 0$인 모든 점의 근방에서 곡면 S은 함수 $z = f(x, y) = \sqrt{\frac{1 - x^2 - 2y^2}{3}}$의 그래프로 표현된다. 이때,

$$f_x(x_0, y_0) = -\frac{h_x}{h_z}(P) = -\frac{x_0}{3z_0}, \; f_y(x_0, y_0) = -\frac{h_y}{h_z}(P) = -\frac{2y_0}{3z_0}$$

이다. ▲

---

13) 함수 $\tilde{f}$를

$$\tilde{f}(x_1, \cdots, x_{i-1}, x_{i+1}, \cdots, x_n) = (x_1, \cdots, x_{i-1}, f(x_1, \cdots, x_{i-1}, x_{i+1}, \cdots, x_n), x_{i+1}, \cdots, x_n)$$

로 정의한 후, 방정식 $\tilde{h} = h \circ \tilde{f} = c$을 x_j로 편미분하면 연쇄법칙에 의하여,

$$0 = \frac{\partial \tilde{h}}{\partial x_j}(Q) = \frac{\partial h}{\partial x_j}(P) + \frac{\partial f}{\partial x_j}(Q) \cdot \frac{\partial h}{\partial x_i}(P).$$

연습문제 5.11 좌표평면의 곡선 $y^2 = x^3 + x$에 대하여

(1) 곡선의 모든 점에서 함수 표현 $x = x(y)$이 가능한 근방이 존재함을 보여라.

(2) 원점을 제외한 모든 점 근방에서 함수 표현 $y = y(x)$이 가능함을 보여라.

(3) 두 점 $(1,\ \sqrt{2})$와 $(1,\ -\sqrt{2})$에서 도함수 $\dfrac{dx}{dy} = x'(y)$를 계산하라.

연습문제 5.12 좌표평면의 곡선 $x^3 + y^3 = 3xy$에 대하여

(1) 곡선의 점 중 근방에서 함수 표현 $y = y(x)$이 가능한 점들을 모두 구하라.

(2) 곡선의 점 중 근방에서 함수 표현 $x = x(y)$이 가능한 점들을 모두 구하라.

(3) 점 $\left(\dfrac{3}{2},\ \dfrac{3}{2}\right)$에서 미분계수 $\dfrac{dy}{dx} = y'(x)$를 계산하라.

연습문제 5.13 곡면 $xy + yz + zx = 11$의 점 $(1,\ 2,\ 3)$에서 $\dfrac{\partial z}{\partial x}(x,\ y)$를 계산하라.

연습문제 5.14 곡면 $x^3 + y^3 - xz^2 - yz^2 = 1$의 점 중 근방에서 함수 표현 $z = z(x,\ y)$이 가능한 점들을 모두 구하고, 각 점에서 $\dfrac{\partial z}{\partial x}$와 $\dfrac{\partial z}{\partial y}$를 구하라.

연습문제 5.15 곡선 $xe^y - y + 2 = 0$ 위의 점 $(e^{-3}, 3)$ 근방에서 이 곡선을 어떤 변수에 대한 함수의 그래프로 나타낼 수 있는지 판단하시오.

제6장

벡터장의 발산함수와 컬

n-공간 $\mathbb{R}^n$의 열린 집합 U에 정의된 함수가 벡터를 값으로 가질 때 **벡터함수**라고 부른다. 특별히 그 벡터함수가 n-공간 $\mathbb{R}^n$의 n-벡터를 값으로 할 때 **벡터장**(vector field)이라 한다.

n-공간 $\mathbb{R}^n$의 점을 $X=(x_1,\ \cdots,\ x_n)$로 나타낼 때, 벡터장

$$F : U \to \mathbb{R}^n$$

은 성분함수 $f_k : U \to \mathbb{R}\ (1 \le k \le n)$를 활용하여

$$F(X)=(f_1(X),\ \cdots,\ f_n(X))=\sum_{k=1}^{n} f_k(X)e_k$$

로 나타낸다. 특히 $n=2,\ 3$일 때, $e_1,\ e_2,\ e_3$를 각각 i, j, k로 표시하고 벡터장을

$$F(x,\ y,\ z)=P(x,\ y,\ z)\mathrm{i}+Q(x,\ y,\ z)\mathrm{j}+R(x,\ y,\ z)\mathrm{k}$$

로 나타내기도 한다. 벡터장 F의 성분함수 f_k가 모두 연속일 때 벡터장 F가 연속이라고 하며, 같은 방법으로 성분함수가 모두 C^k 함수이면 벡터장도 $\boldsymbol{C^k}$ **벡터장**이라 한다.

6.1 여러 가지 벡터장

(1) 위치벡터장

n-공간 $\mathbb{R}^n$의 열린 집합 U에 정의된 벡터장

$$F(X) := X=(x_1,\ \cdots,\ x_n)=\sum_{k=1}^{n} x_k e_k$$

을 위치벡터장이라고 한다. 좌표평면 $\mathbb{R}^2$에 주어진 위치벡터장

$$F(x,\ y) = (x,\ y) = x\mathrm{i} + y\mathrm{j}$$

은 다음 그림과 같이 원점으로부터 발산하는 형태로 나타난다.

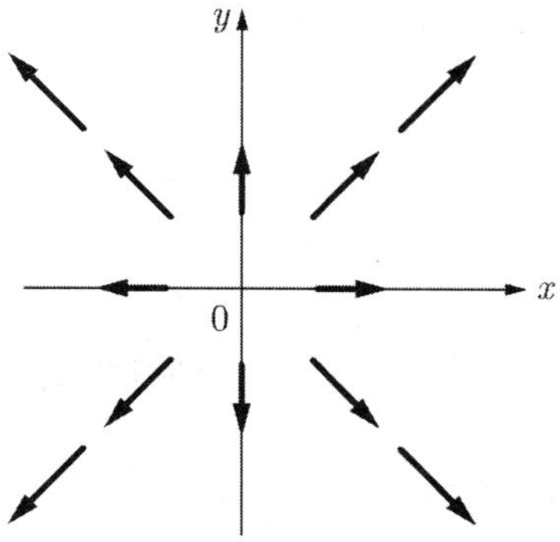

(2) 단위벡터장

n-공간 $\mathbb{R}^n$의 열린 집합 U에 정의된 벡터장 F의 모든 벡터 $F(X)$의 크기가 1일 때, 벡터장 F을 단위벡터장이라고 한다. 예를 들어 좌표평면 $\mathbb{R}^2$에 주어진 위치벡터장 $G(x,\ y) = (x,\ y)$을 생각할 때 $\mathbb{R}^2$의 부분집합 $\mathbb{R}^2 \setminus \{(0,\ 0)\}$에 정의된 벡터장

$$F(x,\ y) := \frac{G(x,\ y)}{|G(x,\ y)|} = \frac{1}{\sqrt{x^2+y^2}}(x,\ y)$$

은 단위벡터장이다.

(3) 상수 벡터장

n-공간 $\mathbb{R}^n$의 열린 집합 U에 정의된 벡터장 F의 벡터 $F(X)$가 항등적으로 같은 벡터일 때 벡터장 F를 상수 벡터장이라고 한다. 예를 들어 n-공간 $\mathbb{R}^n$의 단위벡터 $e_k\ (1 \le k \le n)$는 각각 상수 벡터장으로 생각할 수 있다.

예 6.1 좌표평면 $\mathbb{R}^2$의 부분집합 $\mathbb{R}^2 \setminus \{(0,\ 0)\}$에 정의된 벡터장

$$F(x,\ y) := \frac{-1}{\sqrt{x^2+y^2}}(x,\ y)$$

은 원점 $(0,\ 0)$으로 향하는 형태로 나타난다. ▲

예 6.2 좌표평면 $\mathbb{R}^2$에 정의된 벡터장

$$G(x,\ y) := (-y,\ x)$$

은 위치벡터 $(x,\ y)$를 $\frac{\pi}{2}$만큼 회전한 모양으로 나타난다. 게다가, 좌표평면 $\mathbb{R}^2$의 부분집합 $\mathbb{R}^2 \setminus \{(0,\ 0)\}$에 정의된 벡터장

$$F(x,\ y) := \frac{G(x,\ y)}{|G(x,\ y)|^2} = \frac{1}{x^2+y^2}(-y,\ x)$$

을 **각원소 벡터장**이라고 한다. ▲

6.2 벡터장과 그래디언트

n-공간 $\mathbb{R}^n$의 열린 집합 U에 정의된 미분가능한 함수 f로부터 구해지는 $\mathrm{grad}(f)$는 벡터장을 구하는 전형적인 방법이라 할 수 있다. 이와 같이 벡터장 F가 어떤 함수 f의 그래디언트 $F(X) = \mathrm{grad}(f)(X)$로 주어질 때 이 함수를 벡터장 F의 **잠재함수**(potential function)라고 하고 벡터장 F를 **보존적**(conservative)이라고 한다.

예 6.3 좌표평면 $\mathbb{R}^2$에 정의된 함수 $f(x,\ y) = \frac{1}{2}(x^2+y^2)$의 그래디언트 $\mathrm{grad}(f) = (x,\ y)$로 위치벡터장이다. 일반적으로 n-공간 $\mathbb{R}^n$의 위치벡터장 $F(X) = X$는 잠재함수

$$f(X) = \frac{1}{2}|X|^2 + c$$

(c는 상수)로부터 구해진다. ▲

예 6.4 좌표평면 $\mathbb{R}^2$의 부분집합 $\mathbb{R}^2 \setminus \{(0,\ 0)\}$에 위치벡터장으로부터 정의된 단위벡터장

$$F(x,\ y) := \frac{(x,\ y)}{|(x,\ y)|} = \frac{1}{\sqrt{x^2+y^2}}(x,\ y)$$

은 잠재함수 $f(x,\ y) = \sqrt{x^2+y^2} + c$로부터 얻어지는 벡터장이다. 일반적으로 n-공간 $\mathbb{R}^n$의 부분집합 $\mathbb{R}^n \setminus \{(0,\ \cdots,\ 0)\}$에 정의된 단위벡터장

$$G(X) := \frac{X}{|X|}$$

은 잠재함수 $g(X) = |X| + c$로부터 얻어진다. ▲

예 6.5 좌표평면 $\mathbb{R}^2$의 부분집합 $\mathbb{R}^2 \setminus \{(0, 0)\}$에 정의된 각원소 벡터장

$$F(x, y) = \frac{1}{x^2 + y^2}(-y, x)$$

을 $x > 0$인 부분집합으로 제한하면 $f(x, y) = \arctan\left(\frac{y}{x}\right) + c$를 잠재함수로 하는 벡터장이다. ▲

예 6.6 좌표공간 $\mathbb{R}^3$에 정의된 함수 $f(x, y, z) = xyz + c$의 그래디언트 $\mathrm{grad}(f) = (yz, xz, xy)$이므로 함수 f는 벡터장 $F(x, y, z) = (yz, xz, xy)$의 잠재함수이고 벡터장 $F(x, y, z)$은 보존적이다. ▲

정리 6.7

n-공간 $\mathbb{R}^n$의 열린 집합 U에 정의된 벡터장 $F = (f_1, \cdots, f_n)$이 C^1벡터장이고 집합 U에서 보존적이면 모든 $1 \leq i, j \leq n$에 대하여

$$\frac{\partial f_i}{\partial x_j} = \frac{\partial f_j}{\partial x_i}$$

가 성립한다.

증명 f가 벡터장 F의 잠재함수이면 C^2이고 성분함수 $f_k = \frac{\partial f}{\partial x_k}$이다. 따라서

$$\frac{\partial f_i}{\partial x_j} = \frac{\partial^2 f}{\partial x_i \partial x_j} = \frac{\partial^2 f}{\partial x_j \partial x_i} = \frac{\partial f_j}{\partial x_i}$$

이다. ■

6.3 벡터장과 발산함수

n-공간 $\mathbb{R}^n$의 열린 집합 U에 정의된 벡터장 $F=(f_1, \cdots, f_n)$에 대하여 다음과 같이 정의된 함수 $\mathrm{div}(F)$ (또는 $\nabla \cdot F$)를 벡터장 F의 **발산함수**(divergence)라고 한다.

$$\mathrm{div}(F) := \sum_{k=1}^{n} \frac{\partial f_k}{\partial x_k}$$

예 6.8 n-공간 $\mathbb{R}^n$의 위치벡터장 $F(X)=\sum_{k=1}^{n} x_k e_k$의 발산함수 $\mathrm{div}(F)=n$이다.

좌표평면 $\mathbb{R}^2$의 부분집합 $\mathbb{R}^2 \setminus \{(0, 0)\}$에 정의된 각원소 벡터장

$$F(x, y)=\frac{1}{x^2+y^2}(-y, x)$$

의 발산함수 $\mathrm{div}(F)=0$이다. ▲

정의 6.9

n-공간 $\mathbb{R}^n$의 열린 집합 U에 정의된 벡터장 $F=(f_1, \cdots, f_n)$의 발산함수가 항등적으로 0일 때, 벡터장이 **비압축적**(incompressible) 또는 **비압축장**이라고 부른다.[14)]

예를 들어 각원소 벡터장 $F(x, y)=\frac{1}{x^2+y^2}(-y, x)$은 비압축장이다.

벡터장 F가 유체의 흐름을 나타낼 때, $\mathrm{div}(F)(P)$는 단위 부피당 점 P 주위를 빠져나가는 유체의 양을 나타낸다. 왜 이런 의미를 가지는지 삼차원 벡터장 $F=(f, g, h)$의 경우를 살펴보자.

점 $P=(x_0, y_0, z_0)$ 주위에 $\Delta x, \Delta y, \Delta z$를 세 변으로 가지는 작은 직육면체를 잡으면 각 면을 통해 유체가 빠져나가는 총량은 다음과 같다.

$$(f(x_0+\Delta x, y_0, z_0)-f(x_0, y_0, z_0))\Delta y \Delta z$$

---

14) 벡터장이 n-공간 $\mathbb{R}^n$의 위치벡터의 움직임을 표현한다고 할 때 발산함수는 위치벡터 근방이 벡터장을 따라 움직였을 때 부피 변화를 나타내는 함수라 할 수 있다. 따라서 발산함수가 항등적으로 0인 벡터장은 벡터장을 따라 움직인 영역의 부피 변화가 없음을 의미한다.

$$+ (g(x_0,\ y_0 + \Delta y,\ z_0) - g(x_0,\ y_0,\ z_0))\Delta x \Delta z$$
$$+ (h(x_0,\ y_0,\ z_0 + \Delta z) - h(x_0,\ y_0,\ z_0))\Delta x \Delta y$$

이를 직육면체의 부피 $\Delta x \Delta y \Delta z$로 나누면 평균값 정리에 의해

$$f_x(x_0 + \epsilon_1, y_0, z_0) + g_y(x_0, y_0 + \epsilon_2, z_0) + h_z(x_0, y_0, z_0 + \epsilon_3)$$

와 같게 되는 작은 실수 $\epsilon_1,\ \epsilon_2,\ \epsilon_3$가 있다. $\Delta x,\ \Delta y,\ \Delta z \to 0$이면 이 값은 $\mathrm{div}(F)(P)$와 같아진다.

연습문제 6.1 다음 벡터장이 비압축장이 되도록 하는 k의 값은?

(1) $F = \dfrac{(x, y, z)}{(x^2 + y^2 + z^2)^k}$

(2) $G = \dfrac{(-y, x)}{(x^2 + y^2)^k}$

6.4 벡터장의 컬

좌표공간 $\mathbb{R}^3$은 우리가 탐구하는 현상을 담기에 적절한 대상으로서 중요하게 여겨질 뿐 아니라 일반적으로 n-공간 $\mathbb{R}^n$과 구별되는 성질들을 가지고 있어 특별한 공간이기도 하다. 특히 벡터곱은 공간 $\mathbb{R}^3$의 특별함을 더하는 중요한 구조로 $\mathbb{R}^3$ 벡터장의 성질을 이해하는 데에 유용하게 활용된다.

좌표공간 $\mathbb{R}^3$의 열린 부분집합 U에 정의된 벡터장

$$F(x,\ y,\ z) = P(x,\ y,\ z)\mathrm{i} + Q(x,\ y,\ z)\mathrm{j} + R(x,\ y,\ z)\mathrm{k}$$

에 대하여 정의된 벡터장

$$\mathrm{curl}(F) := \begin{vmatrix} \mathrm{i} & \mathrm{j} & \mathrm{k} \\ \dfrac{\partial}{\partial x} & \dfrac{\partial}{\partial y} & \dfrac{\partial}{\partial z} \\ P & Q & R \end{vmatrix} = \left(\frac{\partial R}{\partial y} - \frac{\partial Q}{\partial z}\right)\mathrm{i} + \left(\frac{\partial P}{\partial z} - \frac{\partial R}{\partial x}\right)\mathrm{j} + \left(\frac{\partial Q}{\partial x} - \frac{\partial P}{\partial y}\right)\mathrm{k}$$

을 벡터장 F의 **컬**이라고 한다. 종종 $\mathrm{curl}F$를 $\nabla \times F$로 쓴다.

예 6.10 위치벡터장 $F(x,\ y,\ z)=(x,\ y,\ z)$의 컬을 구하면

$$\text{curl}(F)=\begin{vmatrix} \mathrm{i} & \mathrm{j} & \mathrm{k} \\ \frac{\partial}{\partial x} & \frac{\partial}{\partial y} & \frac{\partial}{\partial z} \\ x & y & z \end{vmatrix}=0\,\mathrm{i}+0\,\mathrm{j}+0\,\mathrm{k}$$

으로 항등적으로 영벡터이다. ▲

예 6.11 벡터장 $F(x,\ y,\ z)=(yz,\ xz,\ xy)$의 컬을 구하면

$$\text{curl}(F)=\begin{vmatrix} \mathrm{i} & \mathrm{j} & \mathrm{k} \\ \frac{\partial}{\partial x} & \frac{\partial}{\partial y} & \frac{\partial}{\partial z} \\ yz & xz & xy \end{vmatrix}=(x-x)\mathrm{i}+(y-y)\mathrm{j}+(z-z)\mathrm{k}=(0,\ 0,\ 0)$$

이므로 항등적으로 영벡터이다. ▲

예 6.12 위치벡터장 $F(x,\ y,\ z)=(-y,\ x,\ 1)$의 컬을 구하면

$$\text{curl}(F)=\begin{vmatrix} \mathrm{i} & \mathrm{j} & \mathrm{k} \\ \frac{\partial}{\partial x} & \frac{\partial}{\partial y} & \frac{\partial}{\partial z} \\ -y & x & 1 \end{vmatrix}=0\,\mathrm{i}+0\,\mathrm{j}+2\,\mathrm{k}$$

이다. ▲

예 6.13 벡터장 $F(x,\ y,\ z)=\left(\frac{-y}{x^2+y^2},\ \frac{x}{x^2+y^2},\ 0\right),\ x^2+y^2\neq 0$의 컬을 구하면

$$\text{curl}(F)=\begin{vmatrix} \mathrm{i} & \mathrm{j} & \mathrm{k} \\ \frac{\partial}{\partial x} & \frac{\partial}{\partial y} & \frac{\partial}{\partial z} \\ \frac{-y}{x^2+y^2} & \frac{x}{x^2+y^2} & 0 \end{vmatrix}$$

$$=0\mathrm{i}+0\mathrm{j}+\left(\frac{x^2+y^2-2x^2}{(x^2+y^2)^2}-\left(\frac{-(x^2+y^2)+2y^2}{(x^2+y^2)^2}\right)\right)\mathrm{k}=0$$

이다. ▲

정의 6.14

좌표공간 $\mathbb{R}^3$의 열린 부분집합 U에 정의된 벡터장 F에 대하여 $\mathrm{curl}(F)$이 항등적으로 영벡터일 때 벡터장 F를 **비회전장**(irrotational field)이라고 한다.

정리 6.15

삼차원 공간 $\mathbb{R}^3$의 열린 부분집합 U에 정의된 벡터장 F가 보존적이면 비회전장이다.

증명 삼차원 공간 $\mathbb{R}^3$의 열린 부분집합 U에 정의된 벡터장 F가 보존적이므로 잠재함수 f가 존재하여 $F = \nabla f = \left(\frac{\partial f}{\partial x}, \frac{\partial f}{\partial y}, \frac{\partial f}{\partial z}\right)$이다. 이제 벡터장 F의 컬 $\mathrm{curl}(F)$를 구하면

$$\begin{aligned}\begin{vmatrix} \mathrm{i} & \mathrm{j} & \mathrm{k} \\ \frac{\partial}{\partial x} & \frac{\partial}{\partial y} & \frac{\partial}{\partial z} \\ \frac{\partial f}{\partial x} & \frac{\partial f}{\partial y} & \frac{\partial f}{\partial z} \end{vmatrix} &= \left(\frac{\partial^2 f}{\partial y \partial z} - \frac{\partial^2 f}{\partial z \partial y}\right)\mathrm{i} + \left(\frac{\partial^2 f}{\partial z \partial x} - \frac{\partial^2 f}{\partial x \partial z}\right)\mathrm{j} + \left(\frac{\partial^2 f}{\partial x \partial y} - \frac{\partial^2 f}{\partial y \partial x}\right)\mathrm{k} \\ &= 0\mathrm{i} + 0\mathrm{j} + 0\mathrm{k}\end{aligned}$$

이므로 비회전장이다. ■

예 6.10에서 위치벡터장 $F(x, y, z) = (x, y, z)$의 잠재함수가

$$f(x, y, z) = \frac{x^2 + y^2 + z^2}{2} + c$$

이며 벡터장 $F(x, y, z) = (yz, xz, xy)$은 잠재함수가 $f(x, y, z) = xyz + c$인 보존장이므로 비회전장이다.

연습문제 6.2 벡터장 $F(x, y, z) = (x\cos y, y\sin x, 0)$의 컬을 구하고, 벡터장 F가 보존적이지 않음을 보여라.

벡터장 F가 유체의 흐름을 나타내낼 때, $\mathrm{curl}(F)(P)$는 단위 길이당 점 P 주변에 놓인 고리를 따라 유체가 “회전하는 양”을 나타낸다. 왜 그런지 이차원 벡터장 $F = (f, g)$의 경우부터 살펴보자.

점 $P=(x_0,\ y_0)$를 중심으로 하는 정사각형 모양 고리의 네 꼭짓점이 시계 반대 방향으로 돌면서 각각

$$(x_0-\Delta,\ y_0-\Delta),\ (x_0+\Delta,\ y_0-\Delta),\ (x_0+\Delta,\ y_0+\Delta),\ (x_0-\Delta,\ y_0+\Delta)$$

로 주어졌다고 하자. 이 고리의 "회전량"을 각 변의 중심에서 그 변 방향의 벡터장의 성분 함숫값을 모두 더한 양이라 생각하면,

$$f(x_0,\ y_0-\Delta)+g(x_0+\Delta,\ y_0)-f(x_0,\ y_0+\Delta)-g(x_0-\Delta,\ y_0)$$

이다. 이를 두 항씩 묶어서 평균값 정리를 적용하면 작은 양수 $\epsilon_1,\ \epsilon_2$에 대하여

$$2\Delta(-f_y(x_0,\ y_0\pm\epsilon_1)+g_x(x_0\pm\epsilon_2,\ y_0))$$

과 같다. 이를 고리의 한 변의 길이 2Δ로 나눈 후 극한 $\Delta\to 0$을 취하면 극한값은

$$-f_y(P)+g_x(P)$$

와 같아진다. 이렇게 보면 삼차원 벡터장 $(f,\ g,\ h)$의 curl의 각 성분들은 이 벡터장을 각 좌표축에 수직인 평면에 제한했을 때 얻어지는 이차원 벡터장에 대한 "회전량"을 나타내는 것으로 이해할 수 있다.

연습문제 6.3 평면 벡터장 $F=(f(x,y),g(x,y))$를 공간 벡터장 $(f(x,y),g(x,y),0)$으로 보면, $\mathrm{curl}F=(0,0,g_x-f_y)$이다. 이러한 계산에 따라 다음 벡터장이 비회전장이 되도록 하는 k의 값은?

(1) $G=\dfrac{(x,y)}{(x^2+y^2)^k}$

(2) $G=\dfrac{(-y,x)}{(x^2+y^2)^k}$

연습문제 6.4 (1) 좌표공간의 위치벡터장 $F(x,y,z)$에 대하여 $\mathrm{curl}\,F$를 구하시오.

(2) 미분가능한 일변수함수 $f(t)$에 대하여 $G=f\left(\sqrt{x^2+y^2+z^2}\right)F(x,y,z)$일 때, $\mathrm{curl}\,G$를 구하시오.

부록

삼차원 공간 $\mathbb{R}^3$의 미분 작용소 ∇(del)를 $\nabla := \frac{\partial}{\partial x}\mathrm{i} + \frac{\partial}{\partial y}\mathrm{j} + \frac{\partial}{\partial z}\mathrm{k}$로 두었을 때 $\nabla \times F$로 표시되는 컬은 ∇와 벡터곱 $\times$의 결합을 벡터장 F에 작용한 것으로 자연스럽게 이해될 수 있다.

일반적으로 n-공간 $\mathbb{R}^n$에 정의된 미분 작용소 ∇를 좌표계 $(x_1, \cdots, x_n)$를 이용하여 표시하면

$$\nabla := \sum_{k=1}^{n} \frac{\partial}{\partial x_k} e_k$$

으로 나타나고 ∇f로 표시된 그래디언트 벡터는 함수 f에 미분 작용소 ∇을 작용한 것으로 생각할 수 있으며, 같은 방법으로 $\nabla \cdot F$로 표시되는 발산함수도 미분 작용소 ∇와 벡터장 F의 내적으로 이해할 수 있다.

n-공간 $\mathbb{R}^n$의 열린 집합 U에 정의된 벡터장 F, G 및 함수 h에 대하여 다음이 성립한다.

(1) $\mathrm{div}(F+G) = \mathrm{div}(F) + \mathrm{div}(G)$

(2) $\mathrm{div}(hF) = \mathrm{grad}(\mathrm{h}) \cdot \mathrm{F} + \mathrm{h}\,\mathrm{div}(F)$

삼차원 $\mathbb{R}^3$의 열린 집합 U에 정의된 벡터장 F, G 및 함수 f, h에 대하여 다음이 성립한다.

(1) $\mathrm{curl}(f\mathrm{i}) = \mathrm{grad}(f) \times \mathrm{i}$, $\mathrm{curl}(f\mathrm{j}) = \mathrm{grad}(f) \times \mathrm{j}$, $\mathrm{curl}(f\mathrm{k}) = \mathrm{grad}(f) \times \mathrm{k}$

(2) $\mathrm{curl}(F+G) = \mathrm{curl}(F) + \mathrm{curl}(G)$

(3) $\mathrm{curl}(hF) = \mathrm{grad}(h) \times F + h\mathrm{curl}(F)$

(4) $\mathrm{div}\,(\mathrm{curl}(F)) = 0$

Part 2

다변수 미분적분학

제7장

다중적분

이 장에서는 다변수함수에 대한 리만 적분을 정의하고 기본적인 성질을 살펴본다. 다변수함수의 리만 적분은 일변수함수의 리만 적분의 개념을 그대로 일반화한 것이다.

7.1 리만적분

우선 직사각형 영역 $D=[a,\ b]\times[c,\ d]$ 상에 정의된 유계인 함수 $f:D\to\mathbb{R}$의 적분을 정의하자. 구간 $[a,\ b]$의 분할 $a=x_0<x_1<\ \cdots\ <x_m=b$과 구간 $[c,\ d]$의 분할 $c=y_0<y_1<\ \cdots\ <y_n=d$로부터 얻어진 작은 직사각형들의 집합

$$P=\{P_{ij}=[x_{i-1},\ x_i]\times[y_{j-1},\ y_j]\ :\ 1\le i\le m,\ 1\le j\le n\}$$

을 D의 **분할**이라 한다. 함수 f의 분할 P에 대한 **하합** $L(f\,;P)$과 **상합** $U(f\,;P)$을 각각

$$L(f\,;P)=\sum_{i=1}^{m}\sum_{j=1}^{n}\inf\{f(X):X\in P_{ij}\}\bullet\ \mathrm{area}(P_{ij})$$

$$U(f\,;P)=\sum_{i=1}^{m}\sum_{j=1}^{n}\sup\{f(X):X\in P_{ij}\}\bullet\ \mathrm{area}(P_{ij})$$

으로 정의하고 f의 **하적분**과 **상적분**을 다음과 같이 각각 하합의 상한과 상합의 하한으로 정의한다.

$$L(f)=\sup_P L(f\,;P),\quad U(f)=\inf_P U(f\,;P),$$

영역 D의 분할 Q가 분할 P를 포함하면 Q는 P의 **세분**이라 한다. 상한과 하한의 정

의로부터 Q가 P의 세분이면 다음 관계식이 성립한다.

$$L(f;P) \leq L(f;Q) \leq L(f) \leq U(f) \leq U(f;Q) \leq U(f;P) \tag{7.1}$$

따라서 하합과 상합은 분할을 점점 세분해가는 과정을 통해 얻어진다. 하적분과 상적분이 일치하여 등식 $L(f)=U(f)$이 성립하는 경우에 f가 D에서 **적분가능**하다고 한다.

적분가능할 때 일치하는 하적분 또는 상적분의 값을 D에서의 **정적분**이라고 하며

$$\int_D f,\ \int_D f(X)dA,\ \int_D f\,dA$$

로 표현한다.

정적분 $\int_D f$은 함수 $f:D\to\mathbb{R}$의 그래프와 영역 D 사이 부분의 부피를 의미한다. 물론 일변수함수의 경우와 마찬가지로 함숫값이 음수인 영역에서는 음수값의 부피를 갖는 것으로 이해해야 한다. 또는, 각 점 X의 밀도가 $f(X)$인 영역 D의 질량을 의미하는 것으로 이해할 수도 있다.

참고 7.1 식 (7.1)에서 보듯이 세분을 하면 상합과 하합의 차는 더 작아진다. 따라서 함수의 적분가능성을 보이려면 세분 관계로 주어지는 분할들 $P_1 \supset P_2 \supset P_3 \supset \cdots$ 의 열을 잡아서 다음 극한이 성립함을 보이면 된다.

$$\lim_{n\to\infty} (U(f;P_n)-L(f;P_n)) = 0$$

일반적으로 유계인 n-변수함수

$$f : [a_1, b_1]\times[a_2, b_2]\times\cdots\times[a_n, b_n]\to\mathbb{R}$$

의 리만 적분은 이변수함수의 리만 적분을 일반화하여 얻어진다. 또한 임의의 유계인 영역 $D\subset\mathbb{R}^n$상에 정의된 유계인 함수 $f:D\to\mathbb{R}$의 적분은 다음과 같이 정의된다. 우선 D를 포함하는 상자 모양 영역 R을 선택한 후 함수 f를 확장하여 다음 함수를 정의한다.

$$\tilde{f}(X) = \begin{cases} f(X) & X\in D \\ 0 & X\in R\setminus D \end{cases}$$

그리고 함수 f의 정적분을 다음 식으로 정의한다.

$$\int_D f = \int_R \tilde{f}$$

물론 $\tilde{f}$가 R에서 적분가능하지 않은 경우에 우변의 적분값이 정의되지 않으며, 이 경우에는 f가 D에서 적분가능하지 않다. 여기서 $\tilde{f}$가 R에서 적분가능한 경우에 우변의 적분값은 직사각형 R을 달리 선택해도 일정함을 확인할 수 있고, 따라서 정적분이 잘 정의된다.

영역 R이 삼차원 입체인 경우 이변수함수에 대한 적분 $\int_D f(X)dA$와 유사하게

$$\int_R f = \int_R f(X)dV$$

로 표현하기도 한다.

예 7.2 적분불가능한 함수의 예로는 일변수함수에서 살펴본 디리클레(Dirichlet) 함수를 일반화한 다음 함수가 있다.

$$f(x) = \begin{cases} 1 & x \in ([0,\ 1] \cap \mathbb{Q}) \times \cdots \times ([0,\ 1] \cap \mathbb{Q}) \\ 0 & x \in [0,\ 1] \times \cdots \times [0,\ 1] \cap (\mathbb{Q} \times \cdots \times \mathbb{Q})^c \end{cases}$$

이 경우, 상합은 항상 1이고 하합은 항상 0이므로 상적분과 하적분이 일치하지 않는다. ▲

연습문제 7.1 예 7.2에서 상적분이 1이고 하적분이 0임을 보여라.

연습문제 7.2 함수

$$f(x,\ y) = \begin{cases} 1 & (x,\ y) \in ([0,\ 1] \cap \mathbb{Q}) \times [0,\ 1] \\ 0 & (x,\ y) \in ([0,\ 1] \cap \mathbb{Q}^c) \times [0,\ 1] \end{cases}$$

에 대하여 상적분이 1이고 하적분이 0임을 보여라.

연습문제 7.3 영역 $D = \{(x,\ y) \mid 0 \le x \le 1,\ 0 \le y \le 1 - x\}$에서 함수 f가 다음과 같이 정의되어 있다.

$$f(x,\ y) = 1 - x - y,\ (x,\ y) \in D$$

영역 D에서 함수 f의 정적분을 다음과 같은 방법으로 구하라.
직사각형 영역 $R = [0,\ 1] \times [0,\ 1]$의 가로와 세로를 각각 n등분하여 얻은 분할을 P_n이라 하자.

(1) 영역 R에서 함수 f를 확장하여 함수

$$\widetilde{f}(x,\ y) = \begin{cases} f(x,\ y) & (x,\ y) \in D \\ 0 & (x,\ y) \in R \backslash D \end{cases}$$

에 대하여 상합 $U(\widetilde{f}\,; P_n)$ 하합 $L(\widetilde{f}\,; P_n)$을 각각 계산하라.

(2) 극한 $\lim_{n\to\infty} U(\widetilde{f};P_n)$와 $\lim_{n\to\infty} L(\widetilde{f};P_n)$를 계산하여 일치함을 보여라.

(3) $\int_D f = \int_R \widetilde{f}$ 임을 이용하여 영역 D에서 함수 f의 정적분을 결정하라.

유계인 영역 D상에서 상수함수 $f(x)=1$이 적분가능하면 그 적분값을 영역 D의 부피 $\mathrm{vol}(D)$라 한다. (물론 D가 일차원 또는 이차원인 경우에는 각각 길이 $\mathrm{length}(D)$, 넓이 $\mathrm{area}(D)$로 부르는 것이 자연스럽다.)

$$\mathrm{vol}(D) = \int_D 1$$

참고 7.3 원의 넓이를 리만 적분에 의하여 정의하는 아이디어는 고전적으로 알려진 착출법(method of exhaustion)을 일반화한 것이다. 아르키메데스는 원에 내접하는 n각형의 넓이와 외접하는 n각형의 넓이가 n이 점점 커질 때 같은 극한값을 갖게 됨을 보임으로써 원의 넓이를 계산하였다. 즉, 넓이의 의미가 명확한 다각형의 넓이의 극한으로써 원의 넓이를 정의하였으며, 리만 적분의 아이디어도 이와 동일하다.

연습문제 7.4 이차함수 $y=x^2$의 그래프와 x축 및 직선 $x=1$로 둘러싸인 영역 D의 넓이를 정의에 따라 구하여 보자. 영역 $[0, 1]\times[0, 1]$의 가로와 세로를 각각 n등분한 후,

(1) 영역 D 안에 포함되는 작은 정사각형의 개수 l_n와 영역 D의 외부에 포함되지 않는 작은 정사각형의 개수 u_n를 각각 계산하라.

(2) 극한 $\lim_{n\to\infty} \frac{l_n}{n^2}$과 $\lim_{n\to\infty} \frac{u_n}{n^2}$을 계산하여 일치함을 보여라.

(3) 이 값을 정적분 $\int_0^1 x^2\,dx$ 과 비교하라.

7.2 적분의 기본성질

다변수함수의 정적분은 일변수함수의 정적분이 가지는 성질을 대부분 공유한다.

정리 7.4

(1) 영역 $D \subset \mathbb{R}^n$에서 정의된 두 함수 $f, g : D \to \mathbb{R}$가 적분가능하면 $f+g$도 적분가능하고 적분값은 다음과 같다.

$$\int_D (f+g) = \int_D f + \int_D g$$

(2) 영역 $D \subset \mathbb{R}^n$에서 정의된 함수 $f : D \to \mathbb{R}$가 적분가능하면 임의의 실수 c에 대하여 cf도 적분가능하고 적분값은 다음과 같다.

$$\int_D cf = c\int_D f$$

(3) 영역 $D \subset \mathbb{R}^n$에서 정의된 적분가능한 두 함수 $f, g : D \to \mathbb{R}$가 D상의 모든 점 X에 대하여 $f(X) \leq g(X)$이면 다음 부등식이 성립한다.

$$\int_D f \leq \int_D g$$

(4) 교집합이 없는 영역 D_1과 D_2에서 각각 적분가능한 함수 f는 $D_1 \cup D_2$에서도 적분가능하고 적분값은 다음과 같다.

$$\int_{D_1 \cup D_2} f = \int_{D_1} f + \int_{D_2} f$$

다음 정리는 정적분과 관련된 계산에서 자주 사용된다.

따름정리 7.5

영역 $D \subset \mathbb{R}^n$에서 정의된 함수 f와 $|f|$가 적분가능하면 다음 부등식이 성립한다.

$$\left|\int_D f\right| \leq \int_D |f|$$

증명 정리 7.4(3)을 부등식 $\pm f(X) \leq |f(X)|$에 적용하여 얻어진다. ■

따름정리 7.6

열린 영역 A를 포함한 영역 D의 모든 점에서 음이 아닌 함숫값을 갖는 적분가능한 연속함수 $f : D \to \mathbb{R}$가 열린 영역 A의 한 점 X_0에서 $f(X_0) > 0$이면, $\int_D f > 0$이다.

증명 점 X_0이 열린 영역 A의 점이므로 X_0에서 충분히 작은 열린 공을 영역 A에 포함되도록 잡을 수 있으며 f의 연속성에 의하여 다음이 성립하도록 A에 포함되는 X_0의 어떤 근방 $B_\varepsilon(X_0)$을 정할 수 있다.

$$X \in B_\varepsilon(X_0) \Rightarrow f(X) \geq \frac{f(X_0)}{2}$$

정리 1.4(3), (4)를 적용하면,

$$\int_D f = \int_{B_\varepsilon(X_0)} f + \int_{D \setminus B_\varepsilon(X_0)} f \geq \frac{f(X_0)}{2} \cdot \mathrm{vol}(B_\varepsilon(X_0)) > 0$$

이다. ■

연습문제 7.5 열린 영역 D에서 정의된 적분가능한 연속함수 $f : D \to \mathbb{R}$에 대하여 $\int_D f^2 = 0$ 이면 함수 f는 D에서 항등적으로 0인 함수임을 보여라.

7.3 연속함수의 적분

일변수함수의 경우와 마찬가지로 정사각형 영역에서 정의된 연속함수는 적분가능하다.

정리 7.7

영역 $R = [a_1, b_1] \times [a_2, b_2] \times \cdots \times [a_n, b_n]$에서 정의된 함수 $f : R \to \mathbb{R}$가 연속이면 적분가능하다.

증명 정리 2.21에 의하여 f는 R에서 균등연속이다. 따라서 임의로 주어진 양수 ε에 대하여 다음이 성립하도록 하는 양수 δ가 있다.

$X, Y \in R$이고 $|X-Y| < \delta$이면 $|f(X)-f(Y)| < \varepsilon$이다.

그러므로 R의 분할 P_ε의 각 직사각형 P_{ij}의 대각선의 길이가 δ보다 작도록 하면 다음이 성립한다.

$$\sup_{X \in P_{ij}} f(X) - \inf_{X \in P_{ij}} f(X) \leq \varepsilon$$

따라서

$$U(f\,;P_\varepsilon) - L(f\,;P_\varepsilon) \leq \sum_{i,\,j} \varepsilon \cdot \mathrm{area}(P_{ij}) = \varepsilon \cdot \mathrm{area}(R).$$

그러므로 상적분 $U(f)$과 하적분 $L(f)$의 차는 $\varepsilon \cdot \mathrm{area}(R)$ 이하임을 알 수 있다. 양수 ε를 임의로 작게 잡을 수 있으므로, $U(f) = L(f)$이어야 하고, 따라서 f는 적분가능하다. ■

이처럼 연속함수는 적분가능하지만, 불연속점이 많이 있는 함수도 적분가능할 수 있다. 일변수함수의 경우처럼 유한개의 불연속점을 갖는 함수는 적분가능하다. 더 일반적인 예로서 다음을 생각해 보자.

예 7.8 직사각형 영역 $D \subset \mathbb{R}^2$ 안의 미분가능한 곡선 $\gamma : [a, b] \to D$에 대하여 유계인 함수 $f : D \to \mathbb{R}$가 $D \setminus \gamma([a, b])$에서 연속이면 D에서 적분가능하다.

이를 보이기 위하여 다음 사실을 직관적으로 받아들이도록 하자.

임의의 양수 ε에 대하여 곡선 $\gamma([a, b])$이 지나가는 작은 직사각형들 P_{ij}의 면적의 총합이 ε보다 작게 되는 D의 분할 P_ε을 만들 수 있다.

위 가정에서 곡선 $\gamma([a, b])$이 지나가는 작은 직사각형들 P_{ij}의 합집합을 D_γ라 하고 유계인 함수 f를 D_γ에 제한한 함수 $\hat{f}$에 대하여

$$M = \sup_{X \in D_\gamma} \hat{f}(X), \quad m = \inf_{X \in D_\gamma} \hat{f}(X)$$

이라 하면, 하합과 상합은 다음 범위에 있다.

$$m \cdot \mathrm{area}(D_\gamma) \leq L(\hat{f}) \leq U(\hat{f}) \leq M \cdot \mathrm{area}(D_\gamma)$$

따라서 $\hat{f}$의 D_γ에서의 상적분과 하적분의 차이는 $(M-m)\varepsilon$ 이하이다. 영역 D의 분할 P_ε을 세밀하게 선택하여 $\varepsilon \to 0$ 인 극한을 생각하면 분할이 세밀해질수록 M과 m의 차이도 줄어든다. 따라서 $D \setminus D_\gamma$상에서 상합과 하합의 차이가 충분히 작아지도록 할 수 있다. 따라서

$$\lim_{\varepsilon \to 0} U(f\,; P_\varepsilon) = \lim_{\varepsilon \to 0} L(f\,; P_\varepsilon)$$

이고, 함수 f는 D 전체에서 적분가능하다. ▲

연습문제 7.6 원판 $D_r : x^2 + y^2 \le r^2$의 면적을 리만 적분 $\int_{D_r} 1$로 구할 수 있음을 설명하라.

연습문제 7.7 구멍 난 원판 $D_r' : 0 < x^2 + y^2 \le r^2$의 면적을 리만 적분 $\int_{D_r'} 1$로 구할 수 있음을 설명하라.

연습문제 7.8 영역

$$D = \{(x,\ y) : x^2 + y^2 \le 1\} - \left\{(x,\ 0) : x = 1 - \frac{1}{n},\ n \in \mathbb{N}\right\}$$

의 면적을 구할 수 있음을 설명하라.

7.4 푸비니(Fubini) 정리

리만 적분은 개념적으로는 명확하지만 실제 계산을 리만 적분의 정의에 따라 수행하기는 어려운 경우가 대부분이다. 계산의 편리를 위하여 다음 정리를 이용하여 일변수함수의 반복적분으로 바꾸어 계산하는 것이 일반적이다.

정리 7.9 푸비니 정리

$D = [a_1,\ b_1] \times [a_2,\ b_2] \times \cdots \times [a_n,\ b_n]$에서 유계인 함수 f가 적분가능하고 또한 다음 등식의 우변과 같이 순차적인 적분이 가능하다면 두 적분값은 일치한다.

$$\int_D f = \int_{a_n}^{b_n} \cdots \int_{a_2}^{b_2} \int_{a_1}^{b_1} f(x_1,\ x_2,\ \cdots,\ x_n) dx_1 dx_2 \cdots dx_n$$

증명 가장 간단한 $n=2$인 경우, 영역 $D=[a,\ b]\times[c,\ d]$에 대한 다음 등식을 증명하자.

$$\int_D f = \int_a^b \int_c^d f(x,\ y)\,dydx$$

함수 $f(x,\ y)$에서 고정된 x에 대한 y의 함수를 $f(y\,;x)$로 표기하면 순차적인 적분이 가능하다는 가정에 의하여 $f(y\,;x)$는 각 $x\in[a,\ b]$에 대하여 적분가능하다. 따라서 다음과 같이 x에 대한 함수 $F(x)$를 정의할 수 있다.

$$F(x) = \int_c^d f(y\,;x)dy$$

$[a,\ b]$와 $[c,\ d]$의 분할

$$P_1 = \{a = x_0 < x_1 < \ \cdots\ < x_m = b\}$$
$$P_2 = \{c = y_0 < y_1 < \ \cdots\ < y_n = d\}$$

로부터 얻은 D의 분할 $P=\{P_{ij}=[x_{i-1},\ x_i]\times[y_{j-1},\ y_j]\}$에 대하여, 상자 P_{ij}의 임의의 점 (x,y)에 대하여 다음이 성립한다.

$$I_{ij} := \inf_{(x,y)\in P_{ij}} f(x,y)\ \le\ f(x,y)\ \le\ S_{ij} := \sup_{(x,y)\in P_{ij}} f(x,y)$$

x를 고정하고 각 항을 구간 $[y_{j-1}, y_j]$에서 y에 대해 적분하면

$$I_{ij}(y_j - y_{j-1}) \le \int_{y_{j-1}}^{y_j} f(y;x)dy \le S_{ij}(y_j - y_{j-1})$$

이 부등식을 y방향의 모든 구간에 대해 더하면

$$\sum_{j=1}^n I_{ij}(y_j - y_{j-1}) \le \int_c^d f(y;x)dy \le \sum_{j=1}^n S_{ij}(y_j - y_{j-1})$$

다시 각 항을 구간 $[x_{i-1}, x_i]$에서 x에 대해 적분하면

$$\sum_{j=1}^{n} I_{ij}(y_j - y_{j-1})(x_i - x_{i-1}) \le \int_{x_{i-1}}^{x_i}\int_c^d f(y;x)dydx$$
$$\le \sum_{j=1}^{n} S_{ij}(y_j - y_{j-1})(x_i - x_{i-1})$$

마지막으로 이 부등식을 x방향의 모든 구간에 대해 더하면

$$\sum_{i=1}^{m}\sum_{j=1}^{n} I_{ij}(y_j - y_{j-1})(x_i - x_{i-1}) \le \int_a^b\int_c^d f(y;x)dydx$$
$$\le \sum_{i=1}^{m}\sum_{j=1}^{n} S_{ij}(y_j - y_{j-1})(x_i - x_{i-1})$$

따라서, $L(f;P) \le \int_a^b\int_c^d f(x,y)\,dydx \le U(f;P)$이다.

주어진 함수가 적분 가능하므로, 분할의 세분에 대해 상합과 하합은 모두 $\int_D f$로 수렴한다. 그러므로 $\int_a^b\int_c^d f(x,y)\,dydx = \int_D f$이다. ■

따름정리 7.10

함수 $f : [a,\ b]\times[c,\ d]\to\mathbb{R}$가 적분가능하고 $f(x,y)$가 x 또는 y를 상수로 보았을 때 다른 변수에 관하여 적분가능하면 다음과 같이 적분 순서를 바꿀 수 있다.

$$\int_c^d\int_a^b f(x,\ y)\,dxdy = \int_a^b\int_c^d f(x,\ y)\,dydx$$

물론 이 정리는 임의의 n-변수함수의 경우로 일반화할 수 있다.

따름정리 7.11

영역 $D=[a,\ b]\times[c,\ d]$에서 정의된 함수 $f(x,\ y)=g(x)h(y)$와 $g(x)$, $h(y)$가 모두 적분가능하면 다음 등식이 성립한다.

$$\int_D f = \left(\int_a^b g(x)\,dx\right)\left(\int_c^d h(y)\,dy\right)$$

예 7.12 $D=[0,\ 1]\times[0,\ 1]$일 때,

$$\int_D xe^{xy} = \int_0^1 \left(\int_0^1 xe^{xy}\,dy \right) dx = \int_0^1 (e^x - 1)dx = e - 2$$

이다. ▲

연습문제 7.9 임의의 실수 $a,\ b\in\mathbb{R}$에 대하여, $D=[a,\ b]\times[a,\ b]$이고 D에서 정의된 함수가 $f(x,\ y)=xye^{x^2+y^2}$일 때, $\int_D f \geq 0$이 항상 성립함을 보여라.

푸비니 정리를 이용하면 직사각형이 아닌 정의역에서 적분을 계산할 수 있다.

정리 7.13

연속함수 $g,\ h : [a,\ b]\to\mathbb{R}$의 정의역 전체에서 $g(x)\leq h(x)$일 때 영역 D를 다음과 같이 정의하자.

$$D : a\leq x\leq b,\quad g(x)\leq y\leq h(x)$$

영역 D상에서 함수 f가 적분가능하고 $[g(x),\ h(x)]$상에서 함수 $f(y\,;x)$가 각각의 $x\in[a,\ b]$에 대하여 적분가능하면

$$\int_D f = \int_a^b \left(\int_{g(x)}^{h(x)} f\,dy \right) dx$$

증명 적분의 정의에 따라 영역 D을 포함하도록 직사각형 영역 $R=[a,\ b]\times[c,\ d]$을 잡고

$$\widetilde{f}(x,\ y) = \begin{cases} f(x,\ y) & (x,\ y)\in D \\ 0 & (x,\ y)\notin D \end{cases}$$

로 정의하면 푸비니 정리에 의하여

$$\int_D f = \int_R \widetilde{f} = \int_a^b \left(\int_c^d \widetilde{f}(x,\ y)dy \right) dx = \int_a^b \left(\int_{g(x)}^{h(x)} f(x,\ y)dy \right) dx$$

이다. ■

연습문제 7.10 원점을 제외한 좌표평면에서 정의된 함수 $f(x,y)=\dfrac{x^2-y^2}{(x^2+y^2)^2}$에 대하여 영역 $D: 0 \le x < 1,\ 0 \le y < 1,\ x^2+y^2 \ge 1$에서의 적분 $\int_D f$의 값을 구하시오.

예 7.14 삼각형 영역 $T=\left\{x \le \dfrac{\pi}{2},\ 0 \le y \le x\right\}$에 대하여

$$\int_T \frac{\sin x}{x} dA = \int_0^{\frac{\pi}{2}} \int_0^x \frac{\sin x}{x} dy dx = \int_0^{\frac{\pi}{2}} \sin x \, dx = 1$$

이다. (여기서 $\dfrac{\sin x}{x}$는 원점에서 정의되지 않는 함수지만, 원점에서의 함숫값을 1로 정의하면 전체 영역에서 연속함수로 볼 수 있다.) ▲

연습문제 7.11 사면체 $x+y+z \le 1,\ x \ge 0,\ y \ge 0,\ z \ge 0$의 부피를 삼각형 영역 $D: x+y \le 1,\ x \ge 0,\ y \ge 0$에서 정의된 함수 $z=1-x-y$를 적분하여 계산하라.

제8장

치환적분

일변수함수의 적분을 계산할 때, 다음과 같은 치환적분 공식이 자주 사용된다.

$$\int_{x(a)}^{x(b)} f(x)\,dx = \int_a^b f(x(t))x'(t)\,dt$$

이 공식은 합성함수의 미분 공식을 뒤집어 놓은 것이다. 함수 $f(x)$의 부정적분을 $F(x)$라 하면

$$\frac{d}{dt}F(x(t)) = F'(x(t))x'(t) = f(x(t))x'(t)$$

이므로 위 치환적분 공식의 우변은 $F(x(b)) - F(x(a))$로 좌변과 일치함을 알 수 있다.

8.1 변수변환공식

치환적분공식을 다변수함수의 적분에 대하여 일반화한 공식을 치환적분공식, 또는 **변수변환공식**(change of variables formula)이라고 한다.

정리 8.1 변수변환공식

유계인 열린 영역 $D \subset \mathbb{R}^n$상에 정의된 벡터함수 $T : D \to \mathbb{R}^n$가 C^1인 일대일함수이고 야코비 행렬 $J_T(X)$이 각 점 $X \in D$에서 가역이라 하자. 함수 $f : T(D) \to \mathbb{R}$가 적분가능하면 합성함수 $f \circ T : D \to \mathbb{R}$도 적분가능하고

$$\int_{T(D)} f = \int_D (f \circ T)\,|\det J_T|$$

이다.

이 공식에서는 일변수함수의 치환적분공식과 달리 $\det J_T$의 절댓값을 사용한다는 데에 주의하여야 한다. 일변수함수의 치환적분 공식에서 변환함수 $T:[a,\ b]\to[c,\ d]$가 적분 방향을 바꿀 경우(즉, $T(t)=x$, $T(a)=d$, $T(b)=c$일 경우) $\det J_T(t)=T'(t)$가 음수가 되며, $\int_c^d f dx = \int_b^a f(T(t))T'(t)dt$와 같이 적분 방향이 반대가 되므로 $T'(t)$에 절댓값이 없어야 한다. 한편 고차원에서는 적분 '방향'이라는 개념이 없기 때문에 '적분구간' $\int_D$은 항상 고정된 의미를 가지며 이에 따라 $\det J_T$에 절댓값을 취하여야 한다. 일변수함수의 경우, 영역 $D=[a,\ b]$에 대하여 $\int_{[a,\ b]} f$는 항상 $\int_a^b f$만을 의미함을 생각하면, 위 공식이 일변수함수의 치환적분공식과 동일함을 알 수 있다.

변수변환공식의 특별한 경우로 다음 **부피변환공식**을 얻는다.

따름정리 8.2

유계인 열린 영역 $D\subset\mathbb{R}^n$상에 정의된 변환함수 $T:D\to\mathbb{R}^n$가 C^1인 일대일함수이고 야코비 행렬 $J_T(X)$이 임의의 점 $X\in D$에서 가역이라고 가정하면 다음 등식이 성립한다.

$$\mathrm{vol}(T(D)) = \int_{T(D)} 1 = \int_D |\det J_T|$$

연습문제 8.1 구간 $[-e,\ -1]$에서 정의된 함수 $f(t)=e^t$와 $T(x)=-x^2$로 정의된 변환함수 $T:[1,\ \sqrt{e}]\to[-e,\ -1]$에 대하여 치환적분공식을 적용하여 다음 등식을 얻는다.

$$\int_{[-e,\ -1]} e^t dt = \int_{[1,\ \sqrt{e}]} 2x e^{-x^2} dx$$

이를 다음 일변수함수의 치환적분과 비교하라.

$$\int_1^{\sqrt{e}} 2xe^{-x^2}dx = \int_{-1}^{-e}(-e^t)\,dt$$

연습문제 8.2 치환적분공식에서 변환함수 T가 일대일이라는 조건이 반드시 필요함을 다음 예를 들어 설명하라.

(1) 변환 $T(x, y) = (x^2 - y^2, 2xy)$은 극좌표에서 (r, θ)를 $(r^2\cos 2\theta, r^2\sin 2\theta)$로 보내는 함수임을 보여라.

(2) 단위원판 $x^2 + y^2 \le 1$을 D라 할 때, $T(D) = D$임을 보이고, $T : D \to D$는 원점을 제외한 모든 점의 역상이 두 점임을 보여라.

(3) 등식 $\int_{T(D)} 1 = \int_D |\det J_T|$이 성립하지 않음을 확인하고, 그 이유를 설명하라.

연습문제 8.3 한편 일변수함수의 치환적분에서는 변환함수가 일대일이라는 조건이 필요하지 않다는 것을 일변수함수의 부정적분을 이용한 증명으로부터 확인하고, 다음 예를 들어 설명하라.

$$\int_{-1}^{2} 2xe^{x^2}\,dx = \int_{1}^{4} e^t\,dt, \quad t = x^2$$

변수변환공식은 증명이 길고 기술적으로 까다롭기 때문에 여기서 다루지 않는다. 다만 이 공식이 성립하는 이유는 직관적으로 이해할 수 있다. 특수한 경우로서 D가 직육면체 영역이고 f가 상수함수이며 T가 $n \times n$ 행렬 A_T로 주어지는 선형사상인 경우에 변수변환공식은 선형사상 T가 정의역의 부피를 $|\det A_T|$배 확대시킨다는 사실과 같다.

일반적인 영역 D는 작은 직육면체 영역들의 합집합으로 근사할 수 있고 적분가능한 함수 f는 작은 직육면체 영역에서 상수함수로 근사할 수 있다.[15] 또한 C^1인 변환 T는 선형사상으로 근사할 수 있으므로 변수변환공식의 양변은 작은 직육면체 영역에서 임의로 차이를 줄일 수 있다. 영역 D를 채우는 직육면체들의 부피가 0으로 수렴하는 극한을 생각함으로써 극한으로 정의된 양변의 리만적분값이 일치함을 보이게 된다.

변수변환공식은 실제 적분을 계산하기 위한 편리한 도구일 뿐만 아니라 서로 이질적으로 보이는 적분을 연결시키는 중요한 개념적 도구이기도 하다.

예 8.3 $-\frac{\pi}{2} \le a \le b \le \frac{\pi}{2}$에 대하여

$$\int_a^b \frac{1}{\cos t}\,dt = \int_a^b \frac{\cos t}{1 - \sin^2 t}\,dt = \int_{\sin a}^{\sin b} \frac{1}{1 - x^2}\,dx$$

15) 함수가 적분가능하면 대부분의 점에서 연속이어야 함이 알려져 있다.

$$= \frac{1}{2}\ln\left(\frac{1+\sin b}{1+\sin a}\cdot\frac{1-\sin a}{1-\sin b}\right)$$

이다. ▲

예 8.4 원판 $D = \{x^2 + y^2 \le R^2\}$과 $k > -1$에 대하여[16)]

$$\int_D (x^2+y^2)^k dA = \int_{[0,\ R]\times[0,\ 2\pi]} r^{2k+1} dr d\theta$$
$$= \int_0^{2\pi}\int_0^R r^{2k+1} dr d\theta$$
$$= \frac{\pi}{k+1} R^{2k+2}$$

이다. ▲

연습문제 8.4 영역 $D = [0,\ 1]\times[0,\ 2\pi]$와 변환 $T(x,\ y) = (e^x\cos y,\ e^x\sin y)$에 대하여 $T(D)$의 면적을 구하라.

연습문제 8.5 n차원 타원체

$$E_n = \left\{\frac{x_1^2}{a_1^2} + \cdots + \frac{x_n^2}{a_n^2} \le 1\right\}$$

의 부피를 구하기 위하여 변환 $T(x_1,\ \cdots,\ x_n) = (a_1x_1,\ \cdots,\ a_nx_n)$을 적용하여 다음 등식이 성립함을 보여라.

$$\mathrm{vol}(E_n) = \int_{T(B_n)} 1 = \int_{B_n} (a_1a_2\cdots a_n) = (a_1a_2\cdots a_n)\mathrm{vol}(B_n)$$

(단, $B_n = \{x_1^2 + \cdots + x_n^2 \le 1\}$은 n차원 구체임.)

연습문제 8.6 좌표평면에서 점 $(1,0)$, $(2,0)$, $(5,1)$을 꼭짓점으로 가지는 삼각형의 내부 영역 D 상에서 함수 $f(x,y) = e^{(x-3y-1)^2}$의 적분을 구하라.

예 8.5 특히 $n=2$인 타원면의 경우

$$\mathrm{vol}(E_2) = \pi\, a_1a_2$$

16) 이 경우, 주어진 영역 전체에서 변수변환이 일대일이 되지 않는다는 문제와 원점에서 변환행렬식이 0이 된다는 문제가 있으므로 엄밀성의 측면에서 좀 더 세심한 설명이 필요하다.

이고 $n=3$인 경우

$$\mathrm{vol}(E_3) = \frac{4}{3}\pi a_1 a_2 a_3$$

이다. ▲

8.2 좌표계 사이의 변환공식

변수변환공식이 사용되는 대표적인 예로 좌표계 사이의 변환공식이 있다. 먼저, 이차원 공간에서 직교좌표계와 극좌표계 간의 변환을 $T(r,\ \theta) = (x,\ y)$라 하면 다음 관계식이 성립한다.

$$\begin{cases} x = r\cos\theta, \\ y = r\sin\theta \end{cases}$$

이 변환의 야코비 행렬식은 r이므로 변수변환공식은 다음과 같다.

$$\iint_{T(D)} f(x,\ y)\,dxdy = \iint_D f(r\cos\theta,\ r\sin\theta)r\,drd\theta$$

마찬가지로 삼차원 공간에서 직교좌표계와 원통좌표계 간의 변환을 $T(r,\ \theta,\ z) = (r\cos\theta,\ r\sin\theta,\ z)$라 하면

$$\iint_{T(R)} f(x,\ y,\ z)\,dxdydz = \iint_R f(r\cos\theta,\ r\sin\theta,\ z)r\,drd\theta dz.$$

또한 직교좌표계와 구면좌표계 간의 변환은 $T(\rho,\ \theta,\ \phi) = (x,\ y,\ z)$에 대하여 다음 관계식으로 주어진다.

$$\begin{cases} x = \rho\sin\phi\cos\theta, \\ y = \rho\sin\phi\sin\theta, \\ z = \rho\cos\phi \end{cases}$$

이 변환의 야코비 행렬식이 $\rho^2\sin\phi$이므로 변수변환공식은 다음과 같다.

$$\iiint_{T(R)} f(x,\ y,\ z)dxdydz = \iiint_R f(\rho\sin\phi\cos\theta,\ \rho\sin\phi\sin\theta,\ \rho\cos\phi)\rho^2\sin\phi\ d\rho d\phi d\theta$$

예 8.6 원판 $D = \{x^2 + y^2 \le R^2\}$의 넓이는

$$\iint_D 1\, dxdy = \int_0^{2\pi}\int_0^R r\, drd\theta = \pi R^2$$

이다.

또한 구체 $E = \{x^2+y^2+z^2 \le R^2\}$의 부피는

$$\iiint_E 1\, dxdy\, dz = \int_0^{2\pi}\int_0^{\pi}\int_0^R \rho^2 \sin\phi\, d\rho d\phi d\theta = \frac{4}{3}\pi R^3$$

이다. ▲

예 8.7 직교좌표계와 구면좌표계 간의 변환

$$T(a,\ \theta,\ \phi) = (a\sin\phi\cos\theta,\ a\sin\phi\sin\theta,\ a\cos\phi)$$

을 활용해 반구 $S^+ : x^2+y^2+z^2 = a^2,\ z \ge 0$의 면적을 구하면 다음과 같다.

$$\iint_{S^+} 1\, dA = \int_0^{2\pi}\int_0^{\frac{\pi}{2}} a^2 \sin\phi\, d\phi d\theta = 2\pi a^2$$ ▲

연습문제 8.7 직교좌표계와 극좌표계 간의 변환을 활용하여 부채꼴

$$D:\ x^2+y^2 \le a^2,\ x \ge 0,\ y \ge 0$$

의 면적을 계산하라.

연습문제 8.8 원점을 제외한 좌표평면에서 정의된 함수 $f(x,y) = \dfrac{x^2-y^2}{(x^2+y^2)^2}$에 대하여 영역 D : $4 \le x^2+y^2 \le 9$ 에서의 적분 $\int_D f$의 값을 구하시오.

예 8.8 직교좌표계와 구면좌표계 간의 변환

$$T(\rho,\ \theta,\ \phi) = (\rho\sin\phi\cos\theta,\ \rho\sin\phi\sin\theta,\ \rho\cos\phi)$$

을 활용하여 반구체 $B^+ : x^2+y^2+z^2 \le a^2,\ z \ge 0$의 체적을 구하면 다음과 같다.

$$\iint_{B^+} 1\, dV = \int_0^{2\pi} \int_0^{\frac{\pi}{2}} \int_0^a (\rho^2 \sin\phi)\, d\rho\, d\phi\, d\theta$$

$$= \frac{2\pi a^3}{3} \int_0^{\frac{\pi}{2}} \sin\phi\, d\phi = \frac{2\pi a^3}{3}$$

▲

연습문제 8.9 반구체 $x^2 + y^2 + z^2 \leq 1,\ z \geq 0$에서 좌표함수 x, y, z 각각에 대한 적분을 계산하라.

연습문제 8.10 원통좌표계로의 변환 (또는 극좌표 변환)을 활용하여 다음 원뿔대의 부피를 계산하라.

$$H:\ x^2 + y^2 \leq z^2,\ \ a \leq z \leq b$$

연습문제 8.11 타구체의 위쪽 절반 영역 $B^+ :\ \frac{x^2}{a^2} + \frac{y^2}{b^2} + \frac{z^2}{c^2} \leq 1,\ z \geq 0$의 부피를 계산하라.

참고 8.9 변수변환공식을 이용하면 정규분포의 확률밀도함수의 계수를 결정할 수 있다. 이를 위하여 특이적분 $\int_{-\infty}^{\infty} e^{-x^2} dx$의 값을 계산하자.

먼저 $I_R = \int_{-R}^{R} e^{-x^2} dx$라 하고, 정사각형 영역 $A_R = [-R, R] \times [-R, R]$에 푸비니 정리를 적용하면

$$(I_R)^2 = \left(\int_{-R}^{R} e^{-x^2} dx\right)\left(\int_{-R}^{R} e^{-y^2} dy\right) = \iint_{A_R} e^{-(x^2+y^2)} dx dy$$

이다.

영역 A_R은 반지름이 R인 원판 B_R을 포함하고 반지름이 $2R$인 원판 B_{2R}에 포함된다. 변수변환공식에 의하여

$$\iint_{B_R} e^{-(x^2+y^2)} dx dy = \int_0^{2\pi} \int_0^R r e^{-r^2} dr d\theta = \pi(1 - e^{-R^2})$$

이다.

따라서

$$\pi(1 - e^{-R^2}) \leq (I_R)^2 \leq \pi(1 - e^{-4R^2})$$

이다.

이 부등식에 극한 $R \to \infty$을 취함으로써 다음 결과를 얻는다.

$$\int_{-\infty}^{\infty} e^{-x^2} dx = \sqrt{\pi}$$

따라서 정규분포를 정의하는 함수를 $f(x) = c \cdot \exp\left(-\frac{(x-\mu)^2}{2\sigma^2}\right)$라 할 때, 전체 실수 구간에서 적분값이 1이 되도록 하는 c의 값을 구하면 $c = \frac{1}{\sqrt{2\sigma^2\pi}}$가 되어야 한다.

제9장

선적분

이 책에서 다루는 n-공간의 곡선은 연속이고 상수함수가 아닌 벡터함수 $\alpha : [a, b] \to \mathbb{R}^n$의 상 $C = \{\alpha(t) : t \in [a, b]\}$으로 주어진다. 이때 함수 $\alpha(t)$를 곡선 C의 **매개화**라고 하고 곡선 C를 **매개화된 곡선**이라 한다. 표기의 편의를 위하여 혼동이 되지 않는 상황에서는 곡선 C의 매개화 $\alpha(t)$도 곡선이라고 부르기로 한다. 이후 논의에서는 $n=2$인 경우에 해당하는 평면 곡선과 $n=3$인 경우에 해당하는 공간 곡선에 한하여 설명한다. (논의의 대부분은 n차원으로 일반화할 수 있으나, 기호가 복잡해진다.)

공간 곡선 C의 매개화 $\alpha(t) = (x(t), y(t), z(t))$의 각 성분함수가 C^1이고 각 점 $\alpha(t)$에서 **속도벡터** $\alpha'(t) = (x'(t), y'(t), z'(t))$가 영벡터가 아닐 때 곡선 C를 **정규곡선**이라 하고 매개화 $\alpha(t)$를 **정규 매개화**라고 한다. 같은 방법으로 평면의 정규곡선과 정규 매개화를 정의한다. 매개화 $\alpha(t)$의 속도벡터의 크기 $|\alpha'(t)|$를 **속력**이라고 한다. 곡선 C가 유한개의 정규 매개화된 곡선 $C_1, \cdots, C_m$의 합집합이고, $i = 1, \cdots, m-1$에 대하여 C_i의 끝점과 C_{i+1}의 시작점이 차례로 연결되었을 때 곡선 C가 **조각적으로 정규 매개화**되었다고 하고 $C = C_1 + \cdots + C_m$으로 나타낸다.

이 장에서는 곡선 C 위의 선적분에 대하여

(1) 정규 매개화에 의한 정의

(2) 단위속도벡터에 의한 정의

두 가지를 설명하고 두 정의가 실제로 같다는 사실을 보인다. 우선 정의 (1)을 소개하고 이에 따르는 성질을 다룰 것이고, 뒷부분에 (2)의 방식으로 정의하는 것이 가능함을 살펴보겠다. 선적분의 의미를 이해하는 것과 그것을 기술적으로 다룰 줄 아는 것이 모두 중요하므로 두 정의를 함께 알고 있는 것이 필요하다.

9.1 함수의 선적분

곡선 상의 적분을 하려면 곡선을 따라가면서 함숫값의 변화를 살펴보아야 한다. 곡선의 자취를 따라 이동하는 방법이 유일하지 않으므로 이동하는 방법에 관계없이 적분이 같은 값이 되도록 정의하여야 한다.

우리는 곡선 C의 정규 매개화 $\alpha(t)$를 고정하고 이 매개화를 이용하여 선적분을 정의한다. 이어서 이 선적분 값이 정규 매개화의 선택에 관계없이 동일함을 증명하여서 선적분이 잘 정의되었음을 확인한다.

곡선 $C(\subset \mathbb{R}^2$ 또는 $\subset \mathbb{R}^3)$이 정규 매개화 $\alpha(t)$로 매개화된 정규곡선일 때, C상의 함수 $f: C \to \mathbb{R}$의 **선적분**은 다음과 같이 정의한다.

$$\int_C f := \int_a^b f(\alpha(t))\,|\,\alpha'(t)\,|\,dt$$

선적분 값은 다음과 같은 의미에서 곡선의 매개화에 무관하게 일정하다.

보조정리 9.1

곡선 C를 정규곡선으로 매개화하는 두 함수 $\alpha(t),\ t \in [a,\ b]$와 $\beta(u),\ u \in [c,\ d]$가 각각 구간 $(a,\ b)$에서 일대일함수면

$$\int_a^b f(\alpha(t))\,|\,\alpha'(t)\,|\,dt = \int_c^d f(\beta(u))\,|\,\beta'(u)\,|\,du$$

이다.

증명 매개화 함수 $\beta(u)$를 $\alpha(t)$의 재매개화인 $\beta(u) = \alpha(t(u))$로 이해할 수 있다.[17] 두 매개화의 방향이 같아서 $a = t(c),\ b = t(d)$이고 $t'(u) > 0$인 경우에는 치환적분 공식에 의하여

$$\begin{aligned}\int_c^d f(\beta(u))\,|\,\beta'(u)\,|\,du &= \int_c^d f(\alpha(t(u)))\,|\,\alpha'(t(u))t'(u)\,|\,du \\ &= \int_a^b f(\alpha(t))\,|\,\alpha'(t)\,|\,dt\end{aligned}$$

17) $t(u) = (\alpha^{-1} \circ \beta)(u)$로 두면 된다.

이다.

서로 매개화의 방향이 다른 경우에는 $a=t(d)$, $b=t(c)$이면서 $t'(u)<0$이므로 치환과정에서 $|t'(u)|du$가 $-dt$로 대치되어야 한다. 따라서 같은 등식을 얻는다.

■

조각적으로 정규 매개화된 곡선 $C=C_1+\cdots+C_m$에 대하여 함수의 선적분은

$$\int_{C_1+\cdots+C_m} f := \int_{C_1} f + \cdots + \int_{C_m} f$$

이다.

특히 상수함수 $f=1$의 선적분으로부터 곡선의 **길이**를 얻는다.

$$\text{length}(C) := \int_a^b |\alpha'(t)|\, dt$$

물리적으로 함수의 선적분은 f를 밀도함수로 보았을 때, 곡선 C의 질량을 의미한다.

예 9.2 나선 $\alpha(t)=(\cos t,\ \sin t,\ t)$, $t\in[0,\ 2\pi]$의 길이는 $2\sqrt{2}\pi$이다. ▲

연습문제 9.1 곡선 $\alpha(t)=(\cos t,\ \sin t,\ 0)$와 $\beta(t)=(0,\ \cos t,\ \sin t)$의 외적으로 정의되는 곡선 $\gamma(t)=\alpha(t)\times\beta(t)$이 정규곡선임을 보여라.

연습문제 9.2 원 $\beta(t)=(\cos t,\ \sin t)$ 위에서 함수 $f(x,\ y)=|x|$의 선적분을 구하시오.

연습문제 9.3 곡선 $\alpha(t)=(t,\ t^2)$, $t\in[0,\ 1]$의 길이를 계산하라.

매개화된 곡선 $\beta(s)$, $s\in[a,\ b]$의 속력이 1인 경우에 이 곡선을 **호의 길이로 매개화된 곡선**이라 한다. 이 경우, 구간 $[a,\ s]$에서 곡선의 길이는 구간의 길이 $s-a$와 일치하게 된다.

보조정리 9.3

임의의 정규곡선은 호의 길이로 매개화된 곡선 $\beta : [0, l] \to C$으로 재매개화할 수 있다.

증명 길이가 l인 곡선의 정규 매개화 $\alpha(t)$, $t \in [a, b]$에 대하여, 함수 $h : [a, b] \to [0, l]$를 다음과 같이 정의한다.

$$h(t) = \int_a^t |\alpha'(t)|\, dt$$

모든 점에서 $\alpha'(t) \neq 0$이므로 $h(t)$는 증가함수이므로 역함수가 존재한다. 또한, $h'(t) = |\alpha'(t)| \neq 0$이고 연속이므로 역함수 정리에 의하여 역함수 h^{-1}는 다시 C^1이다. 이제 재매개화 $t = h^{-1}(s)$에 의한 매개화를 $\beta(s) = \alpha(h^{-1}(s))$라 하면

$$|\beta'(s)| = \left| \frac{d\alpha}{dt}(h^{-1}(s)) \cdot \frac{dh^{-1}}{ds}(s) \right| = |\alpha'(t)| \cdot \frac{1}{|\alpha'(t)|} = 1$$

이다. ■

예 9.4 나선 $\alpha(t) = (\cos t, \sin t, t)$, $t \in [a, b]$의 경우 $h(t) = \sqrt{2}(t-a)$이므로 호의 길이로 재매개화하여 $\beta(s) = \left(\cos\left(\frac{s}{\sqrt{2}} + a\right), \sin\left(\frac{s}{\sqrt{2}} + a\right), \frac{s}{\sqrt{2}} + a\right)$를 얻는다. ▲

연습문제 9.4 곡선 $y = \cosh x$이 $\alpha(t) = (t, \cosh t)$, $t \in [0, 1]$로 매개화되었을 때, 호의 길이 s에 대해 재매개화한 곡선 $\beta(s)$를 구하라.

9.2 벡터장의 선적분

이 절에서는 한 개의 정규 매개화로 주어진 정규곡선에 대하여 벡터장의 선적분의 정의와 성질을 다루고 일반적으로 조각적으로 정규 매개화된 곡선에 대한 벡터장의 선적분의 정의와 물리적 의미를 소개하기로 한다.

정규 매개화를 활용하여 정규곡선 C를 따라 점을 이동하면 정규곡선에 방향을 부여할 수 있다. 다시 말해 정규 매개화 $\alpha(t),\ t \in [a,\ b]$의 t가 증가함에 따라 곡선의 한쪽 방향으로 진행하게 된다. 이를 정규 매개화에 의한 곡선 C의 **향**이라고 부른다. 한편 주어진 정규 매개화를 재매개화한 곡선 $\beta(t) := \alpha(-t+a+b),\ t \in [a,\ b]$은 결과적으로 전체는 같은 자취를 가지지만 t가 증가함에 따른 진행 방향이 반대가 된다. 특히 같은 점 $\beta(a+b-t) = \alpha(t)$에서 $\beta'(a+b-t) = -\alpha'(t)$이므로 각각의 매개화에 해당되는 동일한 점에서 속도벡터가 반대 방향이 된다. 곡선 C의 서로 다른 정규 매개화는 곡선 위에서 같은 진행 방향을 가지거나 역방향으로 진행 방향을 가진다. 이런 맥락에서 정규 매개화의 선택에 따라 정규곡선 C는 두 개의 방향을 자연스럽게 가지게 된다. 일반적으로

시작점이 P이고 끝점이 $Q(\neq P)$인 곡선 C

라고 하면 곡선 C과 곡선을 따라 진행하는 방향을 함께 나타낸 것이다. 이를 기준으로 곡선 C를 따라 시작점이 Q이고 끝점이 P인 곡선은 $-C$라고 나타낸다. 시작점과 끝점이 같은 점($P = Q$)인 경우에도 곡선을 따라 진행하는 방향은 여전히 두 개이나 곡선만으로는 구별되지 못하므로 다른 조건을 추가하여 방향을 구별하여야 한다.

n차원 공간의 곡선 C를 따라 벡터장 $F : C \to \mathbb{R}^n$이 주어졌다고 하자. 예컨대 공간의 영역 $D \subset \mathbb{R}^n$ 위에 벡터장 $F : D \to \mathbb{R}$이 정의되었을 때, D 안에 시작점이 P이고 끝점이 Q인 곡선 C가 놓인 경우를 상정할 수 있다. 이때 곡선이 C^1인 정규 매개화로 $\alpha(t),\ t \in [a,\ b]$로 매개화되었다면, 시작점이 P이고 끝점이 Q인 정규곡선 C를 따른 F의 선적분은 다음과 같이 정의된다.

$$\int_C F \cdot d\boldsymbol{s} := \int_a^b F(\alpha(t)) \cdot \alpha'(t)\,dt$$

곡선의 시작점이 P이고 끝점이 Q이도록 방향을 주는 정규 매개화 $\alpha(t),\ t \in [a,\ b]$는 $\alpha(a) = P,\ \alpha(b) = Q$를 만족한다.

물리학에서 위 선적분의 값은 물체가 곡선 C를 따라 움직일 때 벡터장 F로 주어진 힘이 이 물체에 가한 일과 같다.

보조정리 9.5

곡선 C를 정규곡선으로 매개화하는 두 매개화함수 $\alpha(t)$, $t \in [a, b]$와 $\beta(u)$, $u \in [c, d]$가 향이 같으면

$$\int_a^b F(\alpha(t)) \cdot \alpha'(t)dt = \int_c^d F(\beta(u)) \cdot \beta'(u)du$$

이다. 만약 두 매개화가 곡선 C에 나타내는 향이 다르면 적분값의 크기는 같고 부호가 반대이다.

(따라서 향이 주어진 곡선 C에서 벡터장의 선적분 $\int_C F \cdot ds$은 매개화에 무관하고 $\int_{-C} F \cdot ds = -\int_C F \cdot ds$ 이다.)

증명 앞서 살펴보았던 것처럼 $\beta(u)$를 $\alpha(t)$의 재매개화인 $\beta(u) = \alpha(t(u))$로 이해할 수 있다. 두 곡선의 향이 같은 경우에 $a = t(c)$, $b = t(d)$이고 $t'(u) > 0$이므로

$$\begin{aligned}\int_c^d F(\beta(u)) \cdot \beta'(u)\,du &= \int_c^d F(\alpha(t(u))) \cdot \alpha'(t(u))t'(u)\,du \\ &= \int_a^b F(\alpha(t)) \cdot \alpha'(t)\,dt.\end{aligned}$$

이와 같은 계산에서 향이 반대인 경우에는 적분 구간이 $\int_a^b$에서 $\int_b^a$로 바뀌므로 부호가 바뀐다. ■

시작점이 P이고 끝점이 Q인 정규곡선 C가 조각적으로 정규곡선 $C = C_1 + \cdots + C_m$라면 벡터장의 선적분은

$$\int_{C_1 + \cdots + C_m} F \cdot ds := \int_{C_1} F \cdot ds + \cdots + \int_{C_m} F \cdot ds$$

이다. 여기서 각 정규곡선 C_i, $i = 1, \cdots, m$의 향은 곡선 C의 향과 일치하도록 선택한다.

예 9.6 질량 M인 지구가 질량 m인 물체에 작용하는 중력은 다음 공식으로 주어진다.

$$F(x,\ y,\ z) = \frac{GMm}{r^3}(x,\ y,\ z),\ r = \sqrt{x^2+y^2+z^2}$$

높이 a에서 b까지 수직 이동에 대한 일은 곡선 $C: \alpha(t) = (t,\ 0,\ 0)$, $t \in [a,\ b]$에 대한 선적분

$$\int_C F \cdot ds = \int_a^b F(\alpha(t)) \cdot (1,\ 0,\ 0)\, dt = \int_a^b \frac{GMm}{t^2} dt = -\frac{GMm}{t}\Big|_a^b$$

으로 주어지며, 이는 위치에너지 축적 또는 손실과 같다. ▲

예 9.7 벡터장이 곡선의 모든 점에서 접선과 수직 방향이면 선적분은 0이다. 예를 들어 중력 $F(x,\ y,\ z)$와 일정한 높이에서 회전하는 인공위성의 궤도 $\alpha(t) = (R\cos t,\ R\sin t,\ Rz_0)$에 대하여

$$F(\alpha(t)) \cdot \alpha'(t) = \frac{GM}{R^2}(\cos t,\ \sin t,\ z_0) \cdot (-R\sin t,\ R\cos t,\ 0) = 0$$

이므로 선적분 값은 0이다. ▲

단위속도벡터에 의한 벡터장의 선적분

시작점은 P, 끝점은 Q로 하는 n-공간의 곡선 C가 조각적으로 정규곡선이라고 하고 이 곡선을 따라 벡터장 $F: C \to \mathbb{R}^n$이 주어졌다고 하자.(예컨대 공간의 영역 $D \subset \mathbb{R}^n$ 위에 벡터장 $F: D \to \mathbb{R}$이 정의되었을 때, D 안에 곡선 C가 놓인 경우를 상정할 수 있다.) 이때 C를 따른 F의 선적분은

$$\int_C F \cdot ds := \int_C F \cdot T ds$$

로 정의한다. T는 곡선의 진행 방향의 단위속도벡터이다(단위속도벡터 T는 조각적으로 정의되는 정규 매개화의 정의에 따라 유한개의 점에서 정의되지 않을 수도 있으나 적분값에는 영향을 미치지 않는다.)

위에서 벡터장의 선적분 $\int_C F \cdot ds$ 은 곡선 C 위에서 $f(X) = F(X) \cdot T(X)$로 정의되는 함수 f의 선적분이며, 함수 f는 곡선의 각 점에서 벡터장 F의 곡선 진행 방향 성분을 나타낸다. 이렇게 정의된 적분값 $\int_C F \cdot ds$는 물리적으로 벡터장 F가 각 점에 작용하는 힘을 나타내는 경우, 주어진 곡선 C를 따라 물체가 이동한 것에 대한 일(work)에

해당된다.

곡선의 매개화에 따른 벡터장의 선적분과 단위속도벡터에 의한 벡터장의 선적분은 아래의 이유에 따라 같다.

시작점이 P이고 끝점이 Q인 정규곡선 C가 $\alpha(t)$, $t \in [a, b]$로 매개화되었다고 하면 단위속도벡터는 $T(\alpha(t)) = \dfrac{\alpha'(t)}{|\alpha'(t)|}$이다. 따라서

$$
\begin{aligned}
\int_C F \cdot ds &= \int_C F \cdot T\,ds \\
&= \int_a^b \{F(\alpha(t)) \cdot T(\alpha(t))\} |\alpha'(t)|\,dt \\
&= \int_a^b F(\alpha(t)) \cdot \alpha'(t)\,dt
\end{aligned}
$$

연습문제 9.5 (1) 벡터장 $F(x, y, z) = (x, y, z)$ 안에서 물체가 나선 $\alpha(t) = (\cos t, \sin t, t)$, $t \in [0, l]$을 따라 이동하였을 때 일을 계산하라.

(2) 시계 반대 방향으로 회전하는 벡터장 $G(x, y, z) = (-y, x, 0)$과 시계 방향으로 회전하는 벡터장 $\widetilde{G}(x, y, z) = (y, -x, 0)$ 안에서 물체가 위와 같이 나선을 따라 이동하였을 때 일을 각각 계산하라.

연습문제 9.6 벡터장 $F(x,y) = (-y,x)$에 대하여 곡선

$$\alpha(t) = (\cos t, \sin t), 0 \le t \le 2\pi$$

에 대한 선적분을 구하시오.

연습문제 9.7 $\mathbb{R}^2 \setminus \{(0,0)\}$에서 정의된 (각원소)벡터장 $F(x,y) = \dfrac{(-y,x)}{x^2+y^2}$ 에 대하여 다음에 답하시오.

(1) 반원 $x^2+y^2=1$, $y \ge 0$을 $(1,0)$에서 시작하여 $(-1,0)$에서 끝나도록 매개화한 곡선을 C_1이라 할 때, 선적분 $\int_{C_1} F \cdot ds$를 계산하시오.

(2) 반원 $x^2+y^2=1$, $y \le 0$을 $(1,0)$에서 시작하여 $(-1,0)$에서 끝나도록 매개화한 곡선을 C_2라 할 때, 선적분 $\int_{C_2} F \cdot ds$를 계산하시오.

(3) 네 점 $(1,1)$, $(-1,1)$, $(-1,-1)$, $(1,-1)$을 꼭짓점으로 하는 정사각형의 네 변 C_3, C_4, C_5, C_6으로 이루어진 닫힌 곡선을 C라 하면 C는 정규곡선의 합 $C = C_3 + C_4 + C_5 + C_6$로 표현할 수

있다. 각 변에서의 선적분 $\int_{C_i} F \cdot ds$을 구하고, 이로부터 선적분 $\int_C F \cdot ds$를 구하시오. (단, 정사각형을 시계 방향으로 회전하도록 C의 네 변을 매개화한다.)

9.3 그래디언트 벡터장

n차원 벡터장 F가 다음과 같이 다변수함수 $\phi(x_1, \cdots, x_n)$의 그래디언트로 주어지는 경우에 **그래디언트 벡터장**이라 하고 함수 ϕ를 F의 **잠재함수**라 한다.

$$F = \mathrm{grad}\,\phi = \left(\frac{\partial \phi}{\partial x_1}, \cdots, \frac{\partial \phi}{\partial x_n}\right)$$

이 경우, 잠재함수는 일변수함수의 원시함수(부정적분)와 같은 역할을 한다.

정리 9.8 선적분의 기본정리

시작점이 P이고 끝점이 Q인 정규곡선 C가 그래디언트 벡터장 grad ϕ에 대하여

$$\int_C \mathrm{grad}\,\phi \cdot ds = \phi(Q) - \phi(P)$$

이다. 시작점이 P이고 끝점이 Q인 곡선 C이 조각적으로 정규 매개화되어도 위 식이 성립한다.

증명 시작점이 P이고 끝점이 Q인 정규곡선 C가 $\alpha(t)$, $t \in [a, b]$로 매개화되었다고 하면 연쇄법칙을 사용하여

$$\begin{aligned}\int_C \mathrm{grad}\,\phi \cdot ds &= \int_b^a \mathrm{grad}\,\phi \cdot \alpha'(t)\,dt \\ &= \int_a^b \frac{d}{dt}\phi(\alpha(t))\,dt \\ &= \phi(\alpha(b)) - \phi(\alpha(a)) \\ &= \phi(Q) - \phi(P)\end{aligned}$$

이다.

만약 곡선 C가 시작점이 P_i이고 끝점이 Q_i인 정규곡선 $C_i\ (i=1,\ \cdots,\ m)$으로 $P=P_1,\ Q_k=P_{k+1}\ (k=1,\ \cdots,\ m-1),\ Q_m=Q$이도록 이어서 조각적으로 정규화되었다면

$$\begin{aligned}\int_C \operatorname{grad}\phi \cdot d\boldsymbol{s} &= \int_{C_1+\cdots+C_m} \operatorname{grad}\phi \cdot d\boldsymbol{s} \\ &= \sum_{k=1}^{m}\int_{C_k} \operatorname{grad}\phi \cdot d\boldsymbol{s} = \sum_{k=1}^{m}(\phi(Q_k)-\phi(P_k)) \\ &= \phi(Q)-\phi(P)\end{aligned}$$

이다. ■

매개화된 곡선 $\alpha : [a,\ b] \to C$의 시작점 $\alpha(a)$과 끝점 $\alpha(b)$이 일치할 때 이 곡선을 **닫힌곡선**이라 한다.

따름정리 9.9

(1) 정규곡선으로 매개화된 닫힌곡선 C상의 그래디언트 벡터장 $\operatorname{grad}\phi$에 대하여

$$\int_C \operatorname{grad}\phi \cdot d\boldsymbol{s} = 0$$

이다.

(2) 영역 $D \subset \mathbb{R}^n$상의 그래디언트 벡터장 $F : D \to \mathbb{R}^n$이 정의되었을 때, D 안에 놓여 있는 두 정규곡선 C_1과 C_2의 시작점과 끝점이 일치하면

$$\int_{C_1} F \cdot d\boldsymbol{s} = \int_{C_2} F \cdot d\boldsymbol{s}$$

이다.

예 9.10 원점으로부터의 거리를 $r=\sqrt{x^2+y^2+z^2}$이라 할 때, $\mathbb{R}^3 \setminus \{(0,\ 0,\ 0)\}$에서 정의된 중력장 $F(x,\ y,\ z)=(x,\ y,\ z)/r^3$은 잠재함수 $\phi(x,\ y,\ z)=-1/r$를 갖는다.[18] 따라서 원점이 아닌 임의의 두 점 $P,\ Q$에 대하여 P를 시작점, Q를 끝점으로 가지면서 원점을 지나지 않는 임의의 정규곡선을 따른 F의 선적분 값은 같다. 물리적으로는 이 선적분 값을 두 점 간의 위치에너지의 차이로 이해할 수 있다. ▲

18) 수학 계산에서는 물리 상수들을 모두 1로 두어 식을 간단하게 만들기도 한다.

예 9.11 평면상의 벡터장 $F(x, y) = (y, -x)/r^k$ $(r = \sqrt{x^2+y^2})$은 원점을 중심으로 시계 방향으로 돌아가는 유체의 속도벡터로 이해할 수 있다. 여기서 $k=1$인 경우에는 모든 점에서 속력이 1로 일정하게 되며, $k=2$인 경우에는 속력이 r에 반비례하게 된다.

$k=0$인 경우, 벡터장 $F(x, y) = (y, -x)$은 잠재함수가 없음을 직접 계산하여 확인할 수 있다. 즉, 이변수함수 $\phi(x, y)$에 대한 연립미분방정식 $D_1\phi = y$, $D_2\phi = -x$의 해가 없음을 보일 수 있다.

다른 방법으로는 곡선 $C : \alpha(t) = (\cos t, \sin t)$, $t \in [0, 2\pi]$에 대하여 선적분을 계산하면

$$\int_C F \cdot ds = \int_0^{2\pi} (\sin t, -\cos t) \cdot (-\sin t, \cos t)\,dt = -2\pi$$

이므로 닫힌곡선을 따른 선적분이 0이 되지 않는 것으로부터 잠재함수가 없다는 것을 확인할 수 있다.

이 방법은 $k \neq 0$인 경우에도 마찬가지로 적용할 수 있다. 즉, 벡터장 $F(x, y) = (y, -x)/r^k$을 단위원 $C = (\cos t, \sin t)$을 따라 선적분하면

$$\int_C F \cdot ds = \int_0^{2\pi} (\sin t, -\cos t)/r^k \cdot (-\sin t, \cos t)\,dt = -2\pi/r^k$$

이므로 F의 잠재함수가 없다. ▲

잠재함수가 있는 벡터장을 **보존장**이라 한다. 예 9.11의 중력장 $F(x, y, z) = (x, y, z)/r^3$은 보존장이며, 벡터장 $F(x, y) = (y, -x)/r^k$은 보존장이 아니다.

연습문제 9.8 $\mathbb{R}^3$에서 정의된 벡터장 $F(x, y, z) = (y, -x, 0)$과 $G(x, y, z) = (y, -x, z)$은 보존장이 아님을 보여라.

연습문제 9.9 (1) 성분함수들이 일차함수인 벡터장 $F(x, y) = (ax+by, cx+dy)$가 $\mathbb{R}^2$에서 보존장이려면 $b=c$임을 보여라.

(2) 성분함수들이 이차함수인 벡터장 $F(x, y) = (ax^2+2bxy+cy^2, px^2+2qxy+ry^2)$가 $\mathbb{R}^2$에서 보존장이려면 $b=p$, $c=q$임을 보여라.

연습문제 9.10 벡터장

$$F(x,y,z)=\frac{(-x,-y,-z)}{(x^2+y^2+z^2)^{\frac{3}{2}}}$$

에 대하여 점 $(1,0,0)$을 시작점으로 하고 점 $(0,-3,4)$를 끝점으로 하면서 원점을 지나지 않는 곡선 위에서의 선적분을 계산하시오.

9.4 잠재함수의 존재성

벡터장이 보존장인 경우, 즉 잠재함수가 있는 경우에는 선적분을 양 끝점에서의 함숫값 계산으로 환원시킬 수 있음을 보았다. 달리 말하면, 벡터장이 보존장이면 n개의 성분함수로 구성된 벡터장의 복잡한 정보를 하나의 잠재함수의 정보로부터 이끌어낼 수 있다는 것이다. 따라서 벡터장이 언제 보존장이 되는가 하는 것이 중요한 문제다. 우선 보존장이 되기 위한 필요조건은 앞서 정리 6.7에서 살펴보았다.

정리 9.12

n-공간 $\mathbb{R}^n$의 열린 영역 U에 정의된 벡터장 $F=(f_1,\ \cdots,\ f_n)$이 C^1 벡터장이고 영역 U에서 보존적이면 모든 $1\le i,\ j\le n$에 대하여

$$\frac{\partial f_i}{\partial x_j}=\frac{\partial f_j}{\partial x_i}$$

가 성립한다.

예를 들어 벡터장 $F(x,\ y)=(y,\ -x)$은 미분방정식 $\dfrac{\partial f_1}{\partial y}=\dfrac{\partial f_2}{\partial x}$이 성립하지 않으므로 보존장이 아니다. 하지만 위 미분방정식이 성립하는 것이 잠재함수를 가지기 위한 충분조건은 되지 못한다.

예 9.13 원점 밖에서 정의된 벡터장 $F(x,\ y)=(y,\ -x)/r^2$에 대하여 다음이 성립한다.

$$\frac{\partial}{\partial y}\left(\frac{y}{r^2}\right) = \frac{\partial}{\partial x}\left(\frac{-x}{r^2}\right)$$

하지만, 이 벡터장은 보존장이 아니다. ▲

연습문제 9.11 벡터장 $F(x, y) = (y, -x)/r^k$, $(r = \sqrt{x^2 + y^2}, k > 0)$에 대하여 위 미분방정식이 성립하는 경우는 $k = 2$일 때뿐임을 보여라.

흥미롭게도 벡터장 F의 정의역이 위상적으로 간단하면 위 미분방정식이 성립하는 것이 보존장이 되기 위한 충분조건이 된다. 영역 $D \subset \mathbb{R}^n$이 **별모양**이라는 것은 명제

"X_0와 D의 임의의 점을 연결하는 선분이 다시 D 안에 놓여 있다"

가 성립하도록 하는 고정된 점 X_0이 D 안에 있다는 것을 의미한다. 예컨대 원판이나 직사각형 영역, 별 도형은 별모양이다.

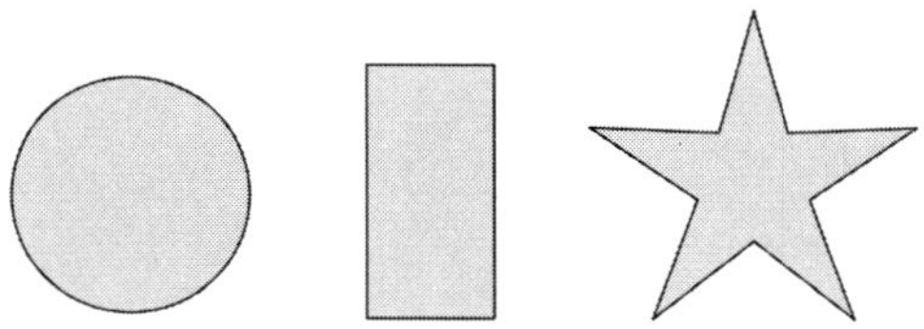

한편, $\mathbb{R}^2$는 별모양이지만 원점이 빠진 평면 $\mathbb{R}^2 \setminus \{(0, 0)\}$은 별모양이 아니다.

정리 9.14

별모양인 영역 D에서 정의된 C^1 벡터장 F가 보존장일 필요충분조건은 각 i, j에 대하여 연립미분방정식 $D_i f_j = D_j f_i$이 성립하는 것이다.

증명 별모양 영역이므로 고정된 한 점 $X_0 \in D$이 있어서 D 안의 모든 점과 X_0를 연결하는 선분이 다시 D 안에 놓여 있다. 점 $X \in D$에 대하여 X_0와 X를 연결하는 선분 L을 잡고 함수 $\phi : D \to \mathbb{R}$의 함숫값 $\phi(X)$을 다음 적분으로 정의한다.

$$\phi(X) = \int_L F \cdot d\mathbf{s}$$

이하에서는 $\mathrm{grad}\,\phi = F$임을 보임으로써 F가 보존장임을 증명할 것이다. 기호를

간단히 하기 위하여 $n=2$인 경우를 생각해보자. 편의상 X_0가 원점이라 하고 선분 L의 매개화 $\alpha(t)=tX=t(x,\ y)$, $t\in[0,\ 1]$와 $F=(f,\ g)$에 대하여

$$\begin{aligned}\phi(X) &= \int_L F\cdot ds \\ &= \int_0^1 F(tx,\ ty)\cdot(x,\ y)\,dt \\ &= \int_0^1 (xf(tx,\ ty)+yg(tx,\ ty))\,dt\end{aligned}$$

이다.

따라서 방정식 $\dfrac{\partial g}{\partial x}=\dfrac{\partial f}{\partial y}$과 연쇄법칙을 이용하면

$$\begin{aligned}\frac{\partial\phi}{\partial x} &= \int_0^1 f(tx,\ ty)dt+\int_0^1\left(xt\frac{\partial f}{\partial x}(tx,\ ty)+yt\frac{\partial g}{\partial x}(tx,\ ty)\right)dt \\ &= \int_0^1 f(tx,\ ty)dt+\int_0^1 t\frac{d}{dt}(f(tx,\ ty))\,dt \\ &= \int_0^1 \frac{d}{dt}(tf(tx,\ ty))\,dt \\ &= f(x,\ y)\end{aligned}$$

이다.[19)]

마찬가지로 $\dfrac{\partial\phi}{\partial y}=g(x,\ y)$임을 알 수 있다. ■

예 9.15 앞서 보았던 각원소 벡터장 $F(x,\ y)=(-y,\ x)/r^2$은 미분방정식 $D_1f_2=D_2f_1$은 만족하지만 정의역 $\mathbb{R}^2\setminus\{(0,\ 0)\}$이 별모양이 아니므로 정리 9.13을 적용할 수 없다. 하지만 정의역을 별모양 영역으로 제한하면 정리 9.13을 적용할 수 있다. 예컨대 상반평면 $(y>0)$ 또는 하반평면 $(y<0)$상에서는 $\phi(x,\ y)=-\arctan\left(\dfrac{x}{y}\right)$가 F의 잠재함수가 된다. 마찬가지로 우반평면 $(x>0)$ 또는 좌반평면 $(x<0)$상에서는 $\psi(x,\ y)=\arctan\left(\dfrac{y}{x}\right)$가 F의 잠재함수가 된다. 이 함수의 의미는 벡터 $(x,\ y)$가 x축의 양의 방향과 이루는 각도이다.

19) 계산식의 첫 줄에서 편미분과 정적분의 순서를 바꾸었는데, 이렇게 순서를 바꾸는 것은 항상 가능하지는 않으며, 어떤 조건(예를 들어 피적분 함수가 적분하고자 하는 영역을 포함하는 열린 영역에서 C^1이라는 조건)이 만족될 때에만 가능하다.

두 함수 ϕ와 ψ의 공통되는 정의역에서 $\phi-\psi$가 상수함수이므로 상수의 조정을 통하여 음의 x축을 제외한 영역에서 다음과 같은 잠재함수가 정의된다.

$$\phi(x,\ y) = \begin{cases} -\arctan\left(\dfrac{x}{y}\right)+\dfrac{\pi}{2} \in (0,\ \pi), & y>0 \\ \arctan\left(\dfrac{y}{x}\right) \in (-\dfrac{\pi}{2},\ \dfrac{\pi}{2}), & x>0 \\ -\arctan\left(\dfrac{x}{y}\right)-\dfrac{\pi}{2} \in (-\pi,\ 0), & y<0 \end{cases}$$

흥미로운 점은 이 잠재함수 ϕ가 연속성(또는 미분가능성)을 유지하면서 더 넓은 영역으로 확장될 수 없다는 것이다.[20)] ▲

마지막으로 잠재함수의 유일성 문제를 생각해보자. 잠재함수는 유일하지 않지만, 일변수함수의 부정적분과 마찬가지로 (적분)상수를 제외하면 유일하다.

정리 9.16

곡선 연결인 열린 영역 D에서 정의된 그래디언트 벡터장 $F=\mathrm{grad}\phi$의 임의의 잠재함수는 적당한 상수 $c\in\mathbb{R}$에 대하여 $\phi+c$로 주어진다.

증명 적당한 상수 c에 대하여 $\phi+c$로 주어지는 함수가 잠재함수가 됨은 분명하다. 역으로 F의 잠재함수를 ψ라 하면, 조건으로부터 $\mathrm{grad}(\phi-\psi)=0$이다. 따라서 따름정리 5.17에 의하여 D 안의 임의의 점 근방에서는 $\phi-\psi$가 상수함수여야 한다. 곡선 연결성으로부터 이 상수가 전체적으로 고정된 실수여야 한다. ■

연습문제 9.12 좌표평면에서 정의된 벡터장 $F(x,\ y)=(ax+by,\ cx+dy)$이 보존장이 될 필요충분조건을 구하고, 이때 잠재함수를 구하라.

연습문제 9.13 벡터장 $F(x,\ y,\ z)=\dfrac{-(x,\ y,\ z)}{(x^2+y^2+z^2)^{\frac{3}{2}}}$의 잠재함수 $\phi(x,\ y,\ z)$를 구하라.

20) 이 예는 복소함수론의 다가함수의 개념과 위상수학의 단순연결성의 개념을 이해하기 위한 중요한 열쇠다.

제10장

면적분

10.1 매개화된 곡면

이차원 영역 $D \subset \mathbb{R}^2$상에 정의된 함수 $f(x, y)$의 그래프는 삼차원 공간에 놓인 곡면이다. 하지만 삼차원 공간에 놓인 이차원의 부분 도형이 모두 이처럼 함수의 그래프로 주어지는 것은 아니다. 예를 들어 구 $S : x^2 + y^2 + z^2 = 1$는 함수의 그래프로 전체를 표현할 수 없다. 한편 S를 다음 매개화 함수를 이용해 표현하는 것은 가능하다.

$$\Phi(\phi, \theta) = (\sin\phi\cos\theta, \sin\phi\sin\theta, \cos\phi),\ 0 \le \phi \le \pi,\ 0 \le \theta \le 2\pi$$

또한 원통 $\{(x, y, z) \in \mathbb{R}^3 : x^2 + y^2 = 1\}$의 경우도 마찬가지로 다음과 같이 매개화 함수를 이용해 표현할 수 있다.

$$\Phi(\theta, z) = (\cos\theta, \sin\theta, z),\ 0 \le \theta \le 2\pi,\ -\infty < z < \infty$$

삼차원 공간에 놓인 곡면을 이차원 영역상에 정의된 벡터함수 $\Phi : D \to \mathbb{R}^3$로 표현한 것을 **매개화된 곡면**이라 한다. 일반적으로 매개화된 곡면은 다음과 같은 표현을 갖는다.

$$\Phi(u, v) = (x(u, v), y(u, v), z(u, v)),\ (u, v) \in D$$

예 10.1 함수 $f : D \to \mathbb{R}$의 그래프로 주어지는 곡면은 다음과 같은 매개화 표현을 갖는다.

$$\Phi(u, v) = (u, v, f(u, v)),\ (u, v) \in D$$ ▲

예 10.2 $0 < r < R$일 때 xz평면에 놓인 원 $(x-R)^2 + z^2 = r^2$, $y = 0$을 z축을 중심으로 한 바퀴 회전하여 얻어지는 형태의 곡면을 토러스(torus)라 한다. 이 곡

면의 방정식은 $(\sqrt{x^2+y^2}-R)^2+z^2=r^2$으로 주어지며, 다음과 같은 매개화를 갖는다.

$$\Phi(\theta,\ \phi)=((R+r\cos\phi)\cos\theta,\ (R+r\cos\phi)\sin\theta,\ r\sin\phi),\ 0\le\theta,\ \phi\le 2\pi$$

▲

연습문제 10.1 (1) 위에 주어진 토러스를 평면 $z=z_0\ (-r\le z_0\le r)$으로 절단한 절단면은 어떤 곡선인지 구하라. 또한 이 절단면을 $(\theta,\ \phi)$에 대하여 표현하라.

(2) 고정된 θ_0에 대하여 곡선 $\Phi(\theta_0,\ \phi),\ 0\le\phi\le 2\pi$를 직교좌표계로 표현하라.

10.2 평면

곡면 S의 매개화 $\Phi(u,\ v)=(x(u,\ v),\ y(u,\ v),\ z(u,\ v)),\ (u,\ v)\in D$의 각 성분함수가 C^1일 때 곡면의 점 $P\in S$에서 접평면 T_PS을 정의해보자. **접평면** T_PS은 P를 지나면서 곡면상에 놓인 곡선 C의 P에서의 접선들을 모두 품는 평면이다. 이 정의는 직관에 맞지만, 이렇게 정의된 집합 T_PS이 평면이 되는지 확인할 필요가 있다.

점 $P=\Phi(u_0,\ v_0)$을 지나면서 곡면상에 놓인 곡선 중 특별한 '좌표곡선' 두 개가 있다.

$$\alpha(t)=\Phi(t+u_0,\ v_0),\ t\in(-\varepsilon,\ \varepsilon)$$

$$\beta(t)=\Phi(u_0,\ t+v_0),\ t\in(-\varepsilon,\ \varepsilon)$$

이 곡선들 각각의 접선벡터를 구하면

$$\alpha'(0)=(x_u,\ y_u,\ z_u)(u_0,\ v_0)=:\Phi_u(P)$$

$$\beta'(0)=(x_v,\ y_v,\ z_v)(u_0,\ v_0)=:\Phi_v(P).$$

접평면 T_PS은 반드시 이 두 벡터 방향의 직선들을 포함해야 한다(여기서 $\Phi_u(P)=\Phi_u(\Phi^{-1}(P)),\ \Phi_v(P)=\Phi_v(\Phi^{-1}(P))$를 뜻한다).

보조정리 10.3

곡면 S의 점 P을 지나는 곡면 S상의 곡선의 접선은 두 벡터 $\Phi_u(P)$와 $\Phi_v(P)$의 선형결합으로 표현된다.

증명 점 P을 지나는 S상의 곡선 Γ은 $t=0$에서 $(u_0,\ v_0)$를 지나는 영역 D 안의 곡선

$$\gamma(t) = (u(t),\ v(t)),\quad t \in (-\varepsilon,\ \varepsilon)$$

의 상으로 표현된다. 즉, $\Gamma(t) = \Phi(\gamma(t)),\ t \in (-\varepsilon,\ \varepsilon)$이다. 따라서 연쇄법칙에 의하여

$$\begin{aligned}\Gamma'(0) &= J_\Phi(\gamma(0)) \bullet J_\gamma(0) = \left.\begin{pmatrix} x_u & x_v \\ y_u & y_v \\ z_u & z_v \end{pmatrix}\right|_{(u,v)=\gamma(0)} \bullet \left.\begin{pmatrix} u' \\ v' \end{pmatrix}\right|_{t=0} \\ &= u'(0)\left.\begin{bmatrix} x_u \\ y_u \\ z_u \end{bmatrix}\right|_{(u,v)=\gamma(0)} + v'(0)\left.\begin{bmatrix} x_v \\ y_v \\ z_v \end{bmatrix}\right|_{(u,v)=\gamma(0)} \\ &= u'(0)\cdot\Phi_u(P) + v'(0)\cdot\Phi_v(P)\end{aligned}$$

이다. ■

임의의 접선벡터가 두 벡터 $\Phi_u(P)$와 $\Phi_v(P)$에 의하여 생성되므로 실제로 평면이 되기 위하여 두 벡터가 일차독립이어야 한다. 다시 말해

$$\Phi_u(P) \times \Phi_v(P) = \left(\begin{vmatrix} y_u & y_v \\ z_u & z_v \end{vmatrix}(u_0,\ v_0),\ -\begin{vmatrix} x_u & x_v \\ z_u & z_v \end{vmatrix}(u_0,\ v_0),\ \begin{vmatrix} x_u & x_v \\ y_u & y_v \end{vmatrix}(u_0,\ v_0) \right) \neq 0.$$

곡면 S의 각 점 P에 대하여 좌표평면의 열린 집합 D에 정의된 매개화

$$\begin{aligned}\Phi : D(\subset \mathbb{R}^2) &\to S \subset \mathbb{R}^3 \\ (u,v) &\mapsto \Phi(u,v)\end{aligned}$$

가 존재하여 (i) $P \in \Phi(D)$이고 Φ가 일대일 사상, (ii) Φ의 성분함수들이 C^2, (iii) $\Phi(D)$ 모든 점 Q에서

$$\Phi_u(Q) \times \Phi_v(Q) \neq 0,$$

일 때 곡면 S를 정규곡면이라고 하고 매개화 $\Phi(u,\ v)$를 정규 매개화라고 한다.

좀 더 일반적으로 Φ의 성분함수들이 C^1이도록 정규곡면을 정의하기도 한다. 이 책에

서 다루는 다양한 성질을 위하여 Φ의 성분함수들이 C^2이도록 정의한다.

정규곡면 S의 접평면의 방정식은 다음과 같이 주어진다.

$$(X-P)\cdot(\Phi_u(P)\times\Phi_v(P))=0$$

또한 접평면 T_PS의 단위법벡터는 다음과 같이 주어진다.

$$n(P):=\frac{\Phi_u(P)\times\Phi_v(P)}{|\Phi_u(P)\times\Phi_v(P)|}$$

예 10.4 구의 각 점 P에서 접평면의 법벡터는 구의 중심과 P를 잇는 직선 방향이다. ▲

연습문제 10.2 구의 매개화 $\Phi(\phi,\theta)$로부터 법벡터 $\Phi_\phi\times\Phi_\theta$와 위치벡터 $\Phi(\phi,\theta)$가 평행함을 보여라.

연습문제 10.3 호의 길이로 매개화된 곡선 $\alpha(s)$, $s\in[a,b]$이 모든 점에서 $\alpha''(s)\neq O$을 만족하면 곡면 $\Phi(s,t)=\alpha(s)+t\alpha'(s)$, $s\in[a,b]$, $t>0$이 정규곡면임을 보여라.

예 10.5 함수의 그래프로 주어진 곡면 $z=f(x,y)$에 대하여 점 $(x,y,f(x,y))$에서의 법벡터는

$$\Phi_x\times\Phi_y=(-f_x,\ -f_y,\ 1)$$

로서 함수 $g(x,y,z)=z-f(x,y)$의 그래디언트 벡터 $\mathrm{grad}\,g$와 같다. ▲

예 10.6 다음과 같이 매개화된 토러스를 생각해 보자.

$$S:\Phi(\phi,\theta)=((2+\cos\phi)\cos\theta,\ (2+\cos\phi)\sin\theta,\ \sin\phi),\ 0\le\phi,\ \theta\le 2\pi$$

.

토러스의 $\phi=0$ 또는 $\phi=\pi$인 점들은 평면 $z=0$에 의한 절단곡선으로서 동심원이다. 해당되는 점에서 법벡터는 평면 $z=0$안의 동심원의 법벡터가 됨을 확인할 수 있다. ▲

연습문제 10.4 (1) 토러스의 $\phi = \frac{\pi}{2}$ 또는 $\phi = \frac{3\pi}{2}$인 점들은 각각 평면 $z = 1$과 $z = -1$에 의한 절단곡선인 원이며, 해당되는 점에서 법벡터는 z 축과 평행한 벡터임을 보여라.

(2) 토러스의 점 $P = \Phi\left(\frac{\pi}{3}, 0\right) = \left(\frac{5}{2}, 0, \frac{\sqrt{3}}{2}\right)$에서 접평면의 방정식을 구하라.

앞 절에서 매개화된 곡면을 함수의 그래프로 주어진 곡면을 일반화한 것으로 이해하였다. 즉, 음함수 $f(x, y, z) = c$로 정의된 곡면을 다루기 위해 매개화 함수를 도입하였다. 다음 정리는 음함수로 정의된 곡면을 매개화된 정규곡면으로 표현하기 위한 조건을 밝혀준다.

정리 10.7

공간의 열린 영역 D에서 정의된 C^1 함수 $f(x, y, z)$와 D의 점 $P = (x_0, y_0, z_0)$에 대하여 $\frac{\partial f}{\partial z}(P) \neq 0$이라면 점 (x_0, y_0)의 근방에서 정의된 C^1 함수 $h(x, y)$가 있어서 등위면 $f(x, y, z) = f(P)$과 함수의 그래프 $z = h(x, y)$가 P 근방에서 일치한다. 이 경우, 등위면 $f(x, y, z) = f(P)$은 P 근방에서 매개화된 정규곡면 $\Phi(x, y) = (x, y, h(x, y))$으로 매개화할 수 있고, 점 P에서의 법벡터는 $\operatorname{grad} f(P)$의 방향이다.

증명 앞서 살펴본 음함수 정리의 증명을 일반화하면 된다. 영역 D에서 함수를 $H(x, y, z) = (x, y, f(x, y, z))$로 정의하면 $\det J_H(P) = f_z(P) \neq 0$이므로 역함수 정리에 의하여 성분함수들이 C^1인 역함수 $H^{-1} : H(D) \to D$가 존재한다. $H^{-1} \circ H = I$이므로 특히 H^{-1}의 세 번째 성분함수를 h라 하면 $z = h(x, y, f(x, y, z))$이다. 점 P의 등위면에서 $z = h(x, y, f(P))$이므로 등위면의 z좌표가 x와 y의 함수 $h(x, y) := h(x, y, f(P))$로 주어짐을 알 수 있다.

이제 등위면 $f(x, y, z) = f(P)$을 $\Phi(x, y) = (x, y, h(x, y))$로 매개화하면 법벡터는

$$(\Phi_x \times \Phi_y)(P) = (-h_x(x_0, y_0), -h_y(x_0, y_0), 1)$$

이고 등식 $f(x, y, h(x, y)) = f(P)$에 연쇄법칙을 적용하면

$$f_x + h_x f_z = 0, \quad f_y + h_y f_z = 0$$

이다. 따라서

$$\text{grad} f(P) = (f_x, f_y, f_z)(P) = f_z(P)(-h_x(x_0, y_0), -h_y(x_0, y_0), 1)$$

이므로 점 P에서의 법벡터는 $\text{grad} f(P)$의 방향과 같다. ■

위 정리의 가정에서 $\frac{\partial f}{\partial z}(P) \neq 0$ 대신 $\frac{\partial f}{\partial x}(P) \neq 0$를 가정한다면 마찬가지로 $x = x(y, z)$라는 함수의 그래프로 등위면을 이해할 수 있다. 또한, $\frac{\partial f}{\partial y}(P) \neq 0$를 가정한다면 $y = y(x, z)$라는 함수의 그래프로 등위면을 이해할 수 있다. 따라서 다음을 얻는다.

따름정리 10.8

공간의 열린 영역 D에서 정의된 C^1 함수 $f(x, y, z)$와 D의 점 $P = (x_0, y_0, z_0)$에 대하여 $\text{grad} f(P) \neq O$이면 등위면 $f(x, y, z) = f(P)$은 P 근방에서 정규곡면으로 매개화할 수 있다.

증명 조건 $\text{grad} f(P) \neq O$으로부터 등위면 $f(x, y, z) = f(P)$을 P 근방에서 적당한 함수의 그래프로 표현할 수 있고, 따라서 정규곡면으로 매개화할 수 있다. ■

참고 10.9 정리에서 법벡터가 $\text{grad} f(P)$의 방향과 일치하는 것은 다음과 같이 보일 수도 있다. 곡면 $f(x, y, z) = f(P)$에 놓인 P를 지나는 곡선을 $\alpha(t)$라 하고 $P = \alpha(t_0)$라면 $f(\alpha(t)) = f(P)$이므로

$$0 = \frac{d}{dt}\bigg|_{t=t_0} f(\alpha(t)) = \text{grad} f(P) \cdot \alpha'(t_0)$$

따라서 $\text{grad} f(P)$는 곡면에 놓인 P를 지나는 모든 곡선과 수직이고, 따라서 법벡터 방향이다.

연습문제 10.5 구 $x^2 + y^2 + z^2 = 1$의 각 점을 함수의 그래프로 표현하고, 이를 위 정리의 가정 및 결과와 비교하라.

연습문제 10.6 $x^2 + y^2 - z^2 = 1$과 $x^2 + y^2 - z^2 = -1$의 각 점을 함수의 그래프로 표현하고 각 점에서 접평면의 방정식을 구하라.

연습문제 10.7 토러스 $\left(\sqrt{x^2+y^2}-R\right)^2+z^2=r^2$의 점들 중 그 근방을 z좌표에 대한 함수 $z=z(x,\ y)$로 표현할 수 없는 점들을 구하라.

연습문제 10.8 열린 영역 D에서 정의된 매개화된 정규곡면

$$\Phi(u,\ v)=(x(u,\ v),\ y(u,\ v),\ z(u,\ v))$$

에 대하여 $\det\begin{pmatrix} x_u & x_v \\ y_u & y_v \end{pmatrix}(u_0,\ v_0)\neq 0$ 라면 곡면상의 점 $P=\Phi(u_0,\ v_0)$의 근방을 적당한 C^1 함수 $z=z(x,\ y)$의 그래프로 표현할 수 있음을 보여라.[21)]

10.3 곡면의 넓이

접평면을 결정하는 데에 중요한 정보는 외적 벡터 $(\Phi_u\times\Phi_v)(u_0,\ v_0)$의 방향이다. 하지만 이 벡터의 크기 또한 중요한 의미가 있다. 외적 벡터의 크기는 두 벡터 $\Phi_u(u_0,\ v_0)$와 $\Phi_v(u_0,\ v_0)$에 의해서 만들어지는 평행사변형의 넓이이며, 이는 또한 점 $(u_0,\ v_0)$의 근방이 매개화 함수 Φ에 의하여 곡면으로 보내질 때 넓이의 팽창률이다. 앞서 변수변환 공식에서 사용했던 선형근사의 아이디어를 떠올리면 매개화 함수 Φ는 $P=\Phi(u_0,\ v_0)$ 근방에서 다음과 같이 근사적으로 표현된다.

$$\begin{aligned}\Phi(u_0+\Delta_1,\ v_0) &\approx \Phi(u_0,\ v_0)+\Delta_1\Phi_u(u_0,\ v_0),\\ \Phi(u_0,\ v_0+\Delta_2) &\approx \Phi(u_0,\ v_0)+\Delta_2\Phi_v(u_0,\ v_0)\end{aligned}$$

따라서 가로와 세로의 길이가 각각 Δ_1, Δ_2인 직사각형의 두 벡터는 Φ에 의하여 근사적으로 각각 $\Delta_1\Phi_u(u_0,\ v_0)$와 $\Delta_2\Phi_v(u_0,\ v_0)$로 보내진다. 그러므로 넓이가 $\Delta_1\Delta_2$인 직사각형은 넓이가 $\Delta_1\Delta_2\,|(\Phi_u\times\Phi_v)(u_0,\ v_0)|$인 평행사변형으로 보내진다.

따라서 매개화된 곡면 $S=\Phi(D)$의 넓이를 다음과 같이 정의하는 것이 적절하다.

$$\text{area}(S)=\iint_D|\,\Phi_u\times\Phi_v\,|\,dudv$$

---

21) 매개화 함수 $\Phi:D\to\mathbb{R}^3$와 xy평면으로의 정사영 $p_{xy}:\Phi(D)\to\mathbb{R}^2$을 합성한 함수 $(p_{xy}\circ\Phi)(u,\ v)=(x(u,\ v),\ y(u,\ v))$에 대해 역함수 정리를 적용한다.

물론 이 계산식을 적용하기 위하여 매개화 함수 Φ가 D상에서 일대일이어야 한다. 이 적분값은 곡면의 매개화에 무관한데[22] 이는 10.4절에서 더욱 일반적인 상황에서 살펴볼 것이다.

계산식을 위하여 다음 식이 유용하다.

$$|\Phi_u \times \Phi_v| = \sqrt{\left[\det\frac{\partial(x, y)}{\partial(u, v)}\right]^2 + \left[\det\frac{\partial(y, z)}{\partial(u, v)}\right]^2 + \left[\det\frac{\partial(z, x)}{\partial(u, v)}\right]^2}$$

예 10.10 원뿔 $z = \sqrt{x^2 + y^2}$, $0 \le z \le R$은 다음과 같이 매개화된다.

$$x = r\cos\theta,\ y = r\sin\theta,\ z = r,\ 0 \le \theta \le 2\pi,\ 0 \le r \le R$$

편미분 계산을 하면 다음을 얻는다.

$$\det\frac{\partial(x, y)}{\partial(r, \theta)} = r,\ \det\frac{\partial(y, z)}{\partial(r, \theta)} = -r\cos\theta,\ \det\frac{\partial(x, z)}{\partial(r, \theta)} = r\sin\theta$$

따라서 원뿔의 넓이는 다음과 같고, 이는 원뿔의 전개도로부터 계산한 바와 일치한다.

$$\int_0^{2\pi}\int_0^R r\sqrt{2}\,dr\,d\theta = \sqrt{2}\,\pi R^2$$ ▲

예 10.11 나선면은 다음과 같이 매개화된다.

$$x = r\cos\theta,\ y = r\sin\theta,\ z = \theta,\ 0 \le r \le 1,\ 0 \le \theta \le 2\pi$$

나선면은 원통 $x^2 + y^2 = r^2$을 따라서 올라가는 나선

$$\alpha(\theta) = (r\cos\theta,\ r\sin\theta,\ \theta),\ 0 \le \theta \le 2\pi$$

의 점 $\alpha(\theta)$과 z축의 점 $(0, 0, \theta)$을 연결한 선분들로 이루어져 있다. 이 곡면의 넓이는 단위원의 넓이의 두 배보다 약간 크다.

$$2\pi\int_0^1 \sqrt{1 + r^2}\,dr = \pi\left(\sqrt{2} + \sinh^{-1}(1)\right) \approx 2.2956\pi$$ ▲

---

22) 물론, 적분값이 곡면의 '넓이'가 되도록 정의를 했으므로 매개화에 무관하여야만 한다. 만약 그렇지 않다면 정의에 허점이 있거나 '넓이'라는 개념 자체가 오류라는 의미이다.

연습문제 10.9 다음과 같이 매개화된 토러스의 부분집합을 생각해 보자.

$$S : \Phi(\phi, \theta) = ((2+\cos\phi)\cos\theta,\ (2+\cos\phi)\sin\theta,\ \sin\phi),\ 0 < \phi,\ \theta < 2\pi$$

위 토러스의 넓이를 구하라.

따름정리 10.12

함수 $z = f(x, y),\ (x, y) \in D$의 그래프로 주어진 곡면 S의 넓이는

$$\text{area}(S) = \iint_D \sqrt{1+(f_x)^2+(f_y)^2}\, dA.$$

연습문제 10.10 고리 모양의 영역 $R^2 \le x^2+y^2 \le (R+1)^2$에서 정의된 곡면 $z = x^2+y^2$의 넓이를 계산하라.

연습문제 10.11 곡면 $z = xy,\ x^2+y^2 \le R^2$의 넓이를 계산하라.

연습문제 10.12 곡면 $x^2+y^2-z^2 = 1,\ -\dfrac{1}{\sqrt{2}} \le z \le \dfrac{1}{\sqrt{2}}$의 넓이를 계산하라.

정리 10.13 회전면의 넓이

함수 $y = f(x),\ a \le x \le b$의 그래프를 x축을 중심으로 한 바퀴 회전시켜서 얻은 회전면의 넓이는 다음과 같다.

$$2\pi \int_a^b |f(u)| \sqrt{1+(f'(u))^2}\, du$$

증명 주어진 회전면은 다음과 같은 매개화를 갖는다.

$$x = u,\ y = f(u)\cos v,\ z = f(u)\sin v,\ a \le u \le b,\ 0 \le v \le 2\pi$$

이 매개화 함수를 이용하여 넓이를 계산하여 위 공식을 얻는다. ■

예 10.14 토러스는 평면 $y=0$상의 원 $(x-R)^2+z^2=r^2$을 z축을 중심으로 회전시켜 얻은 회전면이다. 이 곡면은 두 반원 $x=R\pm\sqrt{r^2-z^2}$의 회전면을 합친 것이며, 각각의 반원은 함수의 그래프이다. 공식을 이용하면 토러스의 넓이는

$$2\pi\int_{-r}^{r}(R+\sqrt{r^2-z^2})\frac{r}{\sqrt{r^2-z^2}}dz+2\pi\int_{-r}^{r}(R-\sqrt{r^2-z^2})\frac{r}{\sqrt{r^2-z^2}}dz$$

이다. 적분공식 $\int\frac{1}{\sqrt{1-x^2}}dx=\arcsin x$을 이용하면 적분값은 $(2\pi r)\cdot(2\pi R)$로서 (원의 중심이 회전한 길이)×(원의 길이)와 같다. ▲

연습문제 10.13 예 10.14의 계산과정을 확인하라.

연습문제 10.14 함수 $y=f(x)$, $a\le x\le b$의 그래프를 x축을 중심으로 한 바퀴 회전시켜서 얻은 회전면의 넓이는 다음과 같음을 보여라.
(회전면의 넓이)=(그래프 곡선의 중심이 회전한 길이)×(그래프의 길이)

10.4 함수의 면적분

곡면 S가 유계인 영역 D상의 매개화 함수 $\Phi(u, v)=(x(u, v), y(u, v), z(u, v))$에 의해 주어졌다고 하자. 곡면 S 위에 정의된 함수 $f: S\to\mathbb{R}$의 면적분은 다음과 같이 정의한다.

$$\iint_S f=\iint_S f(x, y, z)dA=\iint_D f(\Phi(u, v))\,|\Phi_u\times\Phi_v|\,du\,dv$$

보조정리 10.15

면적분 값 $\iint_S f$은 주어진 곡면을 정규곡면으로 매개화하는 방법에 무관하게 일정하다.

증명 유계인 영역 $\widetilde{D}$에서 정의된 변환함수 $T:\widetilde{D}\to D$를 매개화 함수와 합성한 함수 $\Psi=\Phi\circ T:\widetilde{D}\to\mathbb{R}^3$를 곡면의 재매개화라 한다. 연쇄법칙에 의하여

$$(\Psi_x|\Psi_y)=J_\Psi=J_\Phi J_T=(\Phi_x|\Phi_y)J_T{}^{23)}$$

이므로 외적의 성질에 따라 계산하면 $\Psi_x\times\Psi_y=(\det J_T)\Phi_u\times\Phi_v$이다. 다중적분의 변수변환공식(정리 8.1)으로부터 다음을 얻는다.

$$\begin{aligned}\iint_D f(\Psi(x,y))|\Psi_x\times\Psi_y|\,dx\,dy &= \iint_D f(\Phi\circ T(x,y))|\Psi_x\times\Psi_y|\,dx\,dy\\ &= \iint_D (f\circ\Phi)(T(x,y))|\Phi_u\times\Phi_v|\,|\det J_T|\,dx\,dy\\ &= \iint_D f(\Phi(u,v))|\Phi_u\times\Phi_v|\,du\,dv\end{aligned}$$

따라서 두 매개화 함수 Φ와 Ψ에 대한 면적분이 일치한다. ■

함수 f가 상수함수 1인 경우에 면적분은 곡면의 넓이라고 정의한 바 있다. 물리적으로 면적분은 곡면의 밀도함수가 $f(x,y,z)$일 때 곡면의 질량을 의미한다. 즉,

$$\text{area}(S)=\iint_S 1,\quad \text{mass}(S)=\iint_S f$$

이에 대하여 곡면의 기하학적 중심은 다음과 같다.

$$\frac{1}{\text{area}(S)}\left(\iint_S x\,dA,\ \iint_S y\,dA,\ \iint_S z\,dA\right)$$

또한 곡면이 밀도함수 $f(x,y,z)$를 가질 때 무게중심은 다음과 같다.

$$\frac{1}{\text{mass}(S)}\left(\iint_S xf(x,y,z)\,dA,\ \iint_S yf(x,y,z)\,dA,\ \iint_S zf(x,y,z)\,dA\right)$$

예 10.16 반구 $S^+: x^2+y^2+z^2=r^2,\ z\ge 0$ 위에 정의된 함수 $f(x,y,z)=z$의 면적분은 다음과 같다.

$$\iint_{S^+} z\,dA=\int_0^{2\pi}\int_0^{\frac{\pi}{2}}(r\cos\phi)(r^2\sin\phi)\,d\phi\,d\theta=\pi r^3\int_0^{\frac{\pi}{2}}\sin2\phi\,d\phi=\pi r^3\ ▲$$

23) $(\Psi_x|\Psi_y)$는 매개화함수 $\Psi(x,y)$를 편미분한 3×1 행렬 Ψ_x,Ψ_y들을 열로 붙인 3×2 행렬을 의미한다.

연습문제 10.15 곡면 $S: x^2+y^2-z^2=-1,\ 1 \le z \le R$ 위에 정의된 함수

$$f(x,\ y,\ z)=z$$

의 면적분을 구하라.

연습문제 10.16 곡면 $S: x^2+y^2-z^2=-1,\ 1 \le z \le R$의 넓이를 구하라.

10.5 벡터장의 면적분

앞서 함수의 선적분을 정의한 후 벡터장의 선적분을 정의했던 것처럼 곡면상의 벡터장 $F: S \to \mathbb{R}^3$의 면적분을 정의할 수 있다. 선적분과 마찬가지로 면적분도

(1) 정규 매개화에 의한 벡터장의 면적분

(2) 단위법벡터에 의한 벡터장의 면적분

으로 정의할 수 있으며, 조작적인 편의성을 이유로 (1)에 따른 정의와 성질을 다루고 (2)에 의한 정의와 물리적인 성질을 소개하기로 한다.

곡면 S이 $\Phi: D \to S$로 매개화되었을 때, $F: S \to \mathbb{R}^3$의 면적분을 다음과 같이 정의한다.

$$\iint_S F \cdot d\boldsymbol{A} = \iint_D F(\Phi(u,\ v)) \cdot (\Phi_u \times \Phi_v)\, du\, dv$$

벡터장의 선적분이 곡선의 향에 따라 적분값의 부호가 달라지는 현상은 면적분의 경우에도 마찬가지로 나타난다. 곡면의 각 점에서 $\Phi_u \times \Phi_v$는 곡면에 수직한 벡터가 되며, 이로부터 곡면상의 법벡터장을 형성하고 이로부터 곡면 $S=\Phi(D)$에 주어진 **단위법벡터장**

$$\boldsymbol{n} = \frac{\Phi_u \times \Phi_v}{|\Phi_u \times \Phi_v|} : S \to \mathbb{R}^3$$

을 정의할 수 있다(10.2절과 마찬가지로 $S=\Phi(D)$의 점 P에 대하여 $\Phi_u(P) := \Phi_u(\Phi^{-1}(P)),\ \Phi_v(P) := \Phi_v(\Phi^{-1}(P))$). 이 단위법벡터장을 매개화 $\Phi(u,\ v)$에 대한 $S=\Phi(D)$의 향이라 한다. 이 경우 단위법벡터장으로 벡터장의 적분을 다시 표현하면 다

음과 같다.

$$\int_S F \cdot d\boldsymbol{A} = \iint_D F(\Phi(u,v)) \cdot (\Phi_u \times \Phi_v)\, du\, dv = \iint_S F \cdot \boldsymbol{n}\, dA$$

즉, 벡터장 F의 면적분은 함수 $F \cdot \boldsymbol{n}$의 면적분이다.

만약 변수 u, v의 순서를 v, u로 바꾸면 위의 단위 법벡터장은 $-\boldsymbol{n}$으로 반대 부호를 가진다. 일반적으로 한 개의 정규 매개화로 표현되지 못하는 정규곡면 S 중에는 뫼비우스의 띠처럼 곡면 전체에서 연속인 단위법벡터장을 정의하는 정규 매개화들을 찾을 수 없는 것들도 존재한다. 이들의 대한 논의는 11장으로 미루고 이 절에서는 한 개의 정규 매개화로 표현되는 정규곡면 또는 곡면 전체에서 연속인 단위법벡터장이 정의되는 경우만을 다룬다.

보조정리 10.17

유계인 영역 $\widetilde{D}$에서 정의된 변수변환 함수 $T : \widetilde{D} \to D$를 통한 재매개화 $\Psi = \Phi \circ T : \widetilde{D} \to \mathbb{R}^3$가 원래의 매개화 Φ와 같은 향을 가질 필요충분조건은 $\det J_T$가 각 점에서 양수인 것이다.

예 10.18 평면에서 x축에 대한 대칭변환을 T라 하자. 원통의 매개화 $\Phi(\theta, z) = (r\cos\theta, r\sin\theta, z)$를 T와 합성한 재매개화를 $\Psi = \Phi \circ T$라 하면 $\det J_T < 0$이고 두 매개화는 다른 향을 가진다.

한편 반구의 매개화 $\Phi(r, \theta) = \left(r\cos\theta, r\sin\theta, \sqrt{1-r^2}\right)$를 원판 $D = \{x^2 + y^2 \leq 1\}$의 회전변환 $T(r, \theta) = (r, \theta + \theta_0)$과 합성한 재매개화를 $\Psi = \Phi \circ T$라 하면 $\det J_T > 0$이고 두 매개화는 같은 향을 가진다. ▲

보조정리 10.19

면적분 값 $\iint_S F \cdot d\boldsymbol{A}$의 절댓값의 크기는 정규곡면으로 매개화하는 방법에 무관하게 일정하다. 만약 두 매개화가 서로 같은 향을 가지면 두 매개화에 의한 벡터장의 면적분 $\iint_S F \cdot d\boldsymbol{A}$도 같으며, 서로 다른 향을 가지는 매개화에 대한 벡터장의 면적분은 서로 다른 부호를 가진다.

증명 보조정리 10.14의 증명에서 살펴본 대로

$$\Psi_x \times \Psi_y = (\det J_T)(\Phi_u \times \Phi_v) = \pm|\det J_T|\,\Phi_u \times \Phi_v$$

이다($\det J_T$의 부호와 같이 $\pm$의 기호가 선택된다). 따라서 변수변환공식으로부터 다음을 얻는다.

$$\begin{aligned}
&\iint_{\tilde{D}} F(\Psi(x,\ y)) \cdot (\Psi_x \times \Psi_y)\,dx\,dy \\
&= \iint_D (F(\Phi \circ T(x,\ y)) \cdot (\Phi_u \times \Phi_v)\det J_T\,dx\,dy \\
&= \pm \iint_D F(\Phi(u,\ v)) \cdot (\Phi_u \times \Phi_v)\,du\,dv
\end{aligned}$$

따라서 두 매개화 함수 Φ와 Ψ에 대한 벡터장 F의 면적분의 크기가 일치하고, 부호는 $\det J_T$의 부호에 따라 같거나 반대가 된다. ■

단위법벡터에 의한 벡터장의 면적분의 정의

앞에서 벡터장의 선적분을 벡터장과 단위속도벡터의 내적으로 나타나는 함수의 선적분으로 정의했던 것처럼 곡면상의 벡터장 $F: S \to \mathbb{R}^3$의 면적분도 곡면의 단위법벡터와의 내적으로 나타나는 함수의 면적분으로 정의할 수 있다. 정규곡면 S 위에 연속인 단위법벡터 $\boldsymbol{n}$가 정의되었다고 할 때 벡터장 $F: S \to \mathbb{R}^n$의 면적분을

$$\int_S F \cdot d\boldsymbol{A} := \int_S F \cdot \boldsymbol{n}\,dA$$

로 정의한다. 따라서 벡터장의 면적분 $\int_S F \cdot d\boldsymbol{A}$은 곡면 S의 각 점에서 벡터장의 법선 방향 성분 $F \cdot \boldsymbol{n}$으로 나타나는 함수를 면적분한 것이다. 벡터장의 면적분의 물리적인 의미를 생각해보자. 벡터장을 공간에서 흘러가는 공기나 물 등 유체의 속도라고 생각할 때, 피적분 함수인 $F \cdot \boldsymbol{n}$는 곡면의 각 점 근방의 작은 면적을 벡터장 F가 곡면에 수직한 방향으로 단위 시간에 지나가는 양이다. 이 값을 전체 곡면을 따라 적분하면 곡면 S를 단위 시간에 통과하는 유체의 총량을 의미한다. 이 적분값을 S에서 벡터장 F의 **플럭스**(flux)라 한다.

단위법벡터에 의한 벡터장의 면적분과 곡면의 매개화에 의한 면적분의 절댓값은 아래의 이유에 의해 서로 같다. 두 개의 정의가 일치하도록 하기 위하여 단위법벡터와 매개화에 의하여 주어진 곡선의 향이 서로 일치하도록 추가로 조건을 주어야 한다.

곡면 S가 $\varPhi : D \rightarrow S$로 매개화되었다면, 곡선에 주어진 단위법벡터장과 매개화에 의한 단위법벡터는 모두 곡면에 수직인 단위벡터이므로 $\boldsymbol{n} = \pm \dfrac{\varPhi_u \times \varPhi_v}{|\varPhi_u \times \varPhi_v|}$이다. 따라서

$$\begin{aligned}\iint_S F \cdot d\boldsymbol{A} &= \iint_S F \cdot \boldsymbol{n}\, dA \\ &= \iint_D \left\{ F(\varPhi(u,\ v)) \cdot \left(\pm \frac{\varPhi_u \times \varPhi_v}{|\varPhi_u \times \varPhi_v|} \right) \right\} |\varPhi_u \times \varPhi_v|\, dudv \\ &= \pm \iint_D F(\varPhi(u,\ v)) \cdot (\varPhi_u \times \varPhi_v)\, dudv.\end{aligned}$$

예 10.20 단위구면 $S : x^2 + y^2 + z^2 = 1$ 상에서 두 벡터장 $F_1 = (x,\ y,\ z)$와 $F_2 = (a, b,\ c)$을 각각 적분해보자. F_1은 그 자체가 구면에 수직인 단위벡터이므로, $F_1 \cdot \boldsymbol{n} = \pm 1$이다. 따라서,

$$\iint_S F_1 \cdot d\boldsymbol{A} = \pm \iint_S 1\, dA = \pm 4\pi.$$

한편 $F_2 \cdot \boldsymbol{n}(x,\ y,\ z) = \pm (ax + by + cz)$이므로 구면의 대칭성에 의하여

$$\iint_S F_2 \cdot d\boldsymbol{A} = \pm \iint_S (ax + by + cz)\, dA = 0$$

이다. 적분 앞의 ± 기호는 단위법벡터장 $\boldsymbol{n}$의 선택에 따라 결정된다. ▲

플럭스의 관점에서 설명하면, 단위속도로 일정한 방향으로 흐르는 유체가 구면 밖으로 빠져나오는 양과 구면 안으로 들어가는 양이 동일하다는 것을 확인하여 준다. 이런 관점에서는 구면과는 달리 대칭성이 없는 곡면이더라도 '닫혀' 있어서 곡면의 안과 밖을 구분할 수 있는 경우에는 플럭스가 0이 될 것을 기대할 수 있다. 이런 추측은 스토크스 정리에 의하여 사실임을 뒤에서 보게 될 것이다. 한편, 벡터장 F_1은 원점으로부터 거리에 비례하여 속도가 빨라지는 유체의 흐름으로서, 면적분 계산 결과는 단위 시간에 유체가 구면을 통해 일정량이 빠져나가고 있음을 보여준다.

연습문제 10.17 다음과 같은 토러스 T상에서 벡터장 $F_2 = (a,\ b,\ c)$을 적분하라.

$$T : \varPhi(\phi,\ \theta) = ((2 + \cos\phi)\cos\theta,\ (2 + \cos\phi)\sin\theta,\ \sin\phi),\ 0 \le \phi,\ \theta \le 2\pi$$

연습문제 10.18 구면 $S: (x-2)^2+y^2+z^2=1$상에서 벡터장 $F_1=(x, y, z)$을 적분하라.

예 10.21 포물면 $S: z=x^2+y^2\ (x^2+y^2\le 1)$상에서 $F_2=(a, b, c)$를 적분해보자. 원판 $D=\{x^2+y^2\le 1\}$에서 정의된 매개화 함수 $\Phi(x, y)=(x, y, x^2+y^2)$에 대하여 $\Phi_x\times\Phi_y=(-2x, -2y, 1)$이므로 $F_2\cdot(\Phi_x\times\Phi_y)=-2ax-2by+c$이고,

$$\iint_S F_2\cdot d\boldsymbol{A}=\iint_D(-2ax-2by+c)\,dxdy=c\pi$$

포물면 S은 x축과 y축 방향으로 대칭성이 있으므로 상수 벡터장을 적분하면 z축 방향으로만 적분값이 계산됨을 볼 수 있다. 위에서 단위법벡터장을 반대 방향으로 취하여 S의 향을 바꾸면 면적분 값은 부호만 바뀌게 된다.

▲

연습문제 10.19 예 10.21의 포물면 대신 원뿔면 $S: z=\sqrt{x^2+y^2}\ (x^2+y^2\le 1)$상에서 $F_2=(a, b, c)$를 적분하라.

연습문제 10.20 예 10.21의 포물면의 뚜껑에 해당하는 원판 $x^2+y^2=1,\ z=1$에서 $F_2=(a, b, c)$를 적분하라. 위 두 문제의 답과 비교하고 이와 같은 결과가 나오는 이유가 무엇인지 설명하라.

Part 3

다변수 미분적분학

제11장

경계와 가향성

11.1 향

n-공간 $\mathbb{R}^n$의 일차독립이고 순서가 주어진 n개의 벡터열 $a_1, \cdots, a_n$를 행으로 하는 n정방행렬

$$A := \begin{bmatrix} a_1 \\ a_2 \\ \vdots \\ a_n \end{bmatrix}$$

의 행렬식 $\det A$은 양수이거나 음수이다. 만약 행렬식이 양수이면 벡터열 $a_1, \cdots, a_n$이 **양의 방향으로 향**이 주어졌다고 하고 행렬식이 음수이면 **음의 방향으로 향**이 주어졌다고 한다.

이제부터 평면과 삼차원 공간의 향의 기하학적 의미를 구체적으로 살펴보고 이후 평면의 영역의 경계로 나타나는 곡선의 선적분과 삼차원 공간의 경계로 나타나는 곡면의 면적분을 정의할 때 활용하겠다.

일차원 공간 $\mathbb{R}^1$의 향(orientation)은 벡터가 양수이면 양의 방향으로, 음수이면 음의 방향으로 좌표계의 양수와 음수의 구별에 따라 자연스러운 방법으로 줄 수 있다.

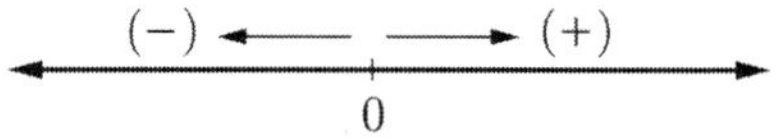

이차원 좌표평면 $\mathbb{R}^2$의 선형독립인 두 벡터 $v = (a, b)$, $w = (c, d)$에 대하여 정방행렬 $A = \begin{pmatrix} a & b \\ c & d \end{pmatrix}$의 판별식 $ad - bc$의 부호가 가지는 기하학적 의미를 다음과 같이 살펴볼 수 있다.

주어진 벡터 v를 기준으로 삼을 때 벡터 v를 시계 반대 방향으로 $\frac{\pi}{2}$만큼 회전한 벡터를 $v^{\perp}$라고 두면 이차원 벡터 w를 v와 $v^{\perp}$를 활용하여 다음과 같이 나타낼 수 있다.

$$w = (\cos\theta\, v + \sin\theta\, v^{\perp})\frac{|w|}{|v|}$$

여기서 θ는 벡터 v를 기준으로 시계 반대 방향으로 벡터 w가 이루는 각도이다. 이제 $v^{\perp} = \begin{pmatrix} 0 & -1 \\ 1 & 0 \end{pmatrix}\begin{pmatrix} a \\ b \end{pmatrix} = (-b,\ a)$로 나타내고 내적 $v^{\perp} \cdot w$을 살펴보면

$$\begin{vmatrix} a & b \\ c & d \end{vmatrix} = (-b,\ a) \cdot (c,\ d) = v^{\perp} \cdot w = \sin\theta |v||w|$$

이다. 따라서 정방행렬 $A = \begin{pmatrix} a & b \\ c & d \end{pmatrix}$의 판별식 $ad-bc$이 양수이거나 음수인 것은 벡터 v를 기준으로 벡터 w가 양의 방향(시계 반대 방향)으로 이루는 각도 θ가 각각 $0<\theta<\pi$ 이거나 $-\pi<\theta<0$인 것과 동치이다.

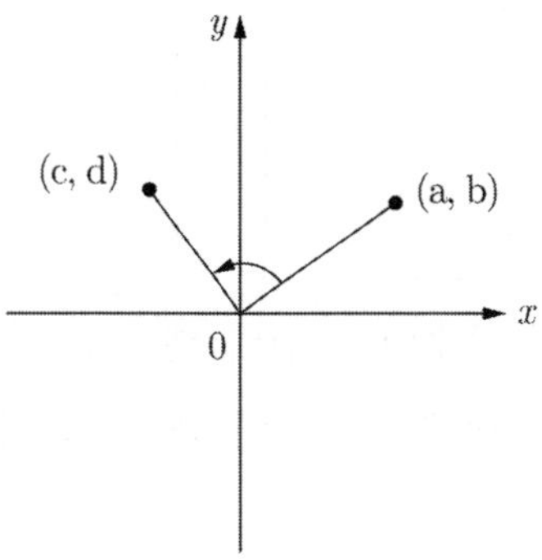

삼차원 공간 $\mathbb{R}^3$의 선형독립인 세 벡터 $v_1,\ v_2,\ v_3$에 대하여, 이들을 행으로 하는 정방행렬 A의 행렬식 $\det A$은 삼차원 공간의 벡터곱을 활용하여 $\det A = v_1 \cdot (v_2 \times v_3)$로 나타낼 수 있다. 벡터곱 $v_2 \times v_3$이 벡터 v_2와 v_3로 생성된 이차원 부분 공간 V에 수직인 벡터로 오른손 규칙에 따라 선택된 방향이므로 행렬식 $\det A$이 양수인 것은 벡터 v_1가 $v_2 \times v_3$와 예각을 이루는 것과 동치이며 음수인 것은 벡터 v_1가 $v_3 \times v_2$와 예각을 이루는 것과 동치이다.

삼차원 공간 $\mathbb{R}^3$의 곡선 C에 대하여 구간 $I(\subset \mathbb{R})$에 정의된 매개화 $\Phi(t)$가 정규 $(\Phi'(t) \neq 0)$이고 벡터 $\Phi'(t)$가 연속이면 $\Phi(t)$에서 접선벡터 $\Phi'(t)$가 모든 점에서 연속인 방향을 가지므로 **곡선 C가 향을 가진다**고 한다.

만약 곡선 C를 다른 정규 매개변수 $\tilde{\Phi}(\tilde{t})$로 재매개화$(\Phi(t) = \tilde{\Phi}(\tilde{t}))$하면 재매개화

$\widetilde{\Phi}(\tilde{t})$로부터 구해지는 접선벡터 $\widetilde{\Phi}'(\tilde{t})$와 $\Phi'(t)$는

$$\Phi'(t) = \frac{d\Phi(t)}{dt} = \frac{d\widetilde{\Phi}(\tilde{t})}{dt} = \frac{d\widetilde{\Phi}(\tilde{t})}{d\tilde{t}}\frac{d\tilde{t}}{dt} = \widetilde{\Phi}'(\tilde{t})\frac{d\tilde{t}}{dt}$$

이므로 모든 점에서 같은 방향이거나 반대 방향이다.

삼차원 공간 $\mathbb{R}^3$에 정의된 곡면 S의 모든 점에서 접평면에 수직한 단위벡터가 존재하고 이 단위법벡터장 $\boldsymbol{n}$이 연속일 때 곡면 S에 향이 있다고 한다. 곡면 S에 매개화 $\Phi(u, v)$가 주어졌을 때 $\Phi_u(u_0, v_0)\times\Phi_v(u_0, v_0)$가 O이 아닐 때 매개화 $\Phi(u, v)$가 점 $\Phi(u_0, v_0)$에서 **정규**라 하고 매개화 $\Phi(u, v)$가 주어진 모든 점에서 정규일 때 **정규 매개화**라 한다. 이때 벡터 $\Phi_u(u_0, v_0)\times\Phi_v(u_0, v_0)$는 곡면 위의 점 $\Phi(u_0, v_0)$의 접평면에 수직인 영이 아닌 벡터이므로 단위벡터

$$\frac{\Phi_u(u_0, v_0)\times\Phi_v(u_0, v_0)}{|\Phi_u(u_0, v_0)\times\Phi_v(u_0, v_0)|}$$

는 법벡터 $\boldsymbol{n}(\Phi(u_0, v_0))$와 같거나 $-\boldsymbol{n}(\Phi(u_0, v_0))$와 같다. 정규 매개화 $\Phi(u, v)$에 의하여 구해진 법벡터가 모든 점 $\Phi(u, v)$에서 $\boldsymbol{n}(\Phi(u, v))$(또는 $-\boldsymbol{n}(\Phi(u, v))$)와 같을 때 **매개화 $\Phi(u, v)$가 곡면 S에 향을 준다**고 한다.

11.2 경계와 경계의 향

이차원 평면 $\mathbb{R}^2$의 유계이고 연결인 영역을 R이라고 할 때, 경계 ∂R가 유한개의 단순닫힌곡선의 합집합이며 이들 단순닫힌곡선들이 모두 정규 매개화 가능하다고 가정한다. 경계에 포함된 각각의 단순닫힌곡선 C는 영역 R의 향과 관계없이 주어진 정규 매개화에 따라 접선벡터의 향이 결정된다. 우리는 영역 R의 내부의 점에 주어진 향과 경계의 향이 서로 조화를 이루도록 정규 매개화의 향을 정하려고 한다. 곡선 C의 한 점에서 접선에 수직한 법벡터는 영역 R의 내부로 향하거나 외부로 향하는 두 가지 경우이며 모든 점에서 법벡터가 외부로 향하도록 곡선 C에 정의된 법벡터장을 정의할 수 있다. 이제 이 법벡터장의 양의 방향으로 $\frac{\pi}{2}$회전한 벡터장인 곡선 C의 접선벡터장이 존재하고 이를 경계의 닫힌곡선 C의 향 또는 경계의 향이라고 부른다. 경계의 향의 방향의 흐름에 따라 닫힌곡선을 따라 움직이면 영역 R의 내부의 점은 항상 왼쪽에 있게 된다.

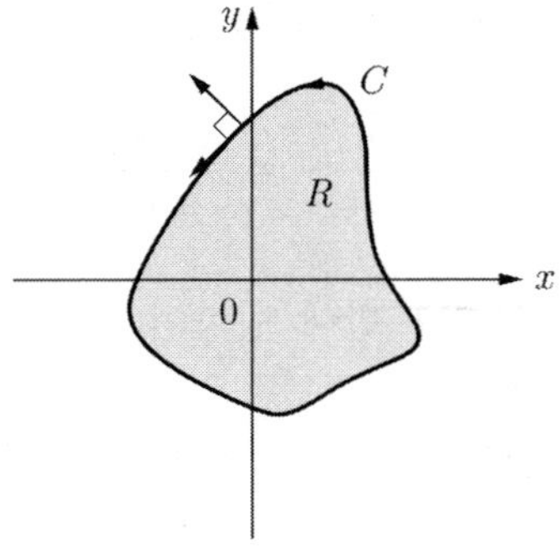

같은 방법으로 삼차원 공간 $\mathbb{R}^3$의 유계이고 연결인 곡면 S의 경계 ∂S가 유한개의 단순닫힌곡선의 합집합이며 이들 단순닫힌곡선이 모두 정규 매개화 가능하다고 가정하면 곡면 S의 향으로부터 경계 ∂S의 향을 줄 수 있다.

경계에 포함된 단순닫힌곡선의 각 점에서 곡선 C에 법벡터이면서 곡면 S에 접하는 벡터를 구할 수 있다. 이 법벡터가 곡면의 내부로 향하거나 외부로 향하는 두 가지 경우 중에서 내부로 향하는 것을 선택하면 곡선 C에 법벡터장 m을 정의할 수 있다. 이제 곡선의 접선벡터 v가 법벡터와 이루는 각이 음으로 $\frac{\pi}{2}$가 되도록 선택하면 경계의 곡선 C의 접선벡터장이 존재하며 이를 경계 C의 향이라 한다(여기서, 음으로 $\frac{\pi}{2}$를 이룬다는 것은 경계의 곡선에서 법벡터장 m과 접선벡터 v의 외적 $v \times m$가 곡면 S의 향을 주는 단위법벡터를 경계 ∂S까지 연속적으로 확장하여 주어진 단위법벡터가 되는 것을 의미한다.). 이차원 평면과 마찬가지로 경계의 향의 방향의 흐름에 따라 닫힌곡선을 따라 움직이면 곡면 S의 내부의 점은 항상 왼쪽에 있게 된다.

연습문제 11.1 이차원 평면 $\mathbb{R}^2$의 영역 R이 $x^2+y^2 \le 9$, $(x-1)^2+y^2 \ge 1$로 주어졌을 때, 경계 ∂R의 향을 어떻게 주어야 하는지 설명하시오.

연습문제 11.2 좌표 공간 $\mathbb{R}^3$의 원통 곡면 S가 $x^2+y^2=9$, $0 \le z \le 1$로 주어졌을 때, 경계 ∂S의 향을 어떻게 주어야 하는지 설명하시오.

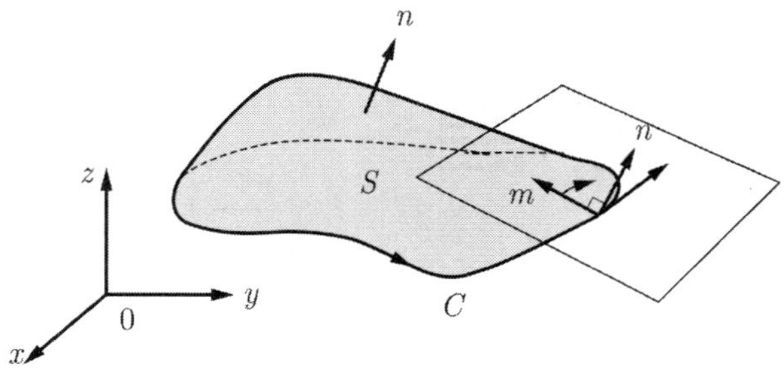

유계이고 경계가 없으며 연결인 삼차원 공간 $\mathbb{R}^3$의 곡면을 **폐곡면**이라고 한다. $\mathbb{R}^3$에서 이 폐곡면의 여집합은 유계인 영역과 유계가 아닌 영역의 서로소인 합집합이 된다. 또한 주어진 폐곡면은 유계인 영역 R의 경계가 된다. 우리는 이들 폐곡면이 정규 매개화 가능한 경우만을 생각한다. 유계인 영역 R의 경계인 폐곡면의 각 점에서 접평면에 수직인 법벡터가 존재하며 이들 법벡터는 입체의 내부로 향하거나 외부로 향하는 두 가지 경우이다. 경계인 폐곡면의 각 점에서 영역 R 외부로 향하는 단위법벡터를 선택할 때 법벡터가 곡면 전체에 연속으로 존재하면 이 단위법벡터장을 경계인 **폐곡면의 향** 또는 **경계의 향**이라고 한다.

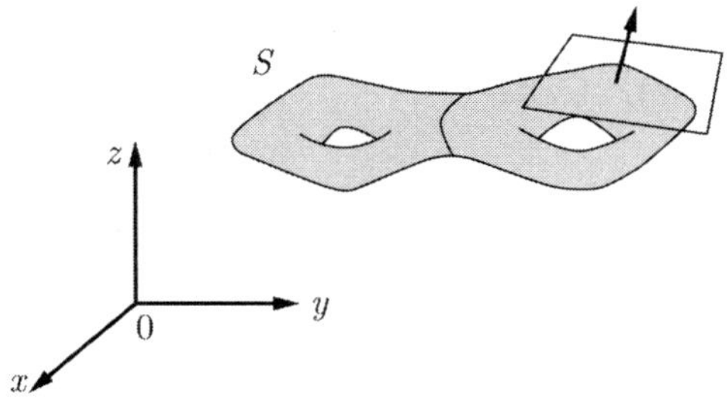

제12장

선적분과 면적분

이 장에서는 좌표평면에 주어진 유계이고 연결된 영역 D에 대하여 벡터장의 선적분과 면적분의 관계를 살펴본다. 이 개념의 한 가지 확장으로 삼차원 좌표공간에 주어진 연결된 곡면 S에 대한 벡터장의 선적분과 면적분의 관계를 다룬다. 또 다른 확장에 해당하는 삼차원 공간의 영역에 주어진 벡터장의 체적분과 면적분의 관계는 다음 장에서 다루겠다.

12.1 그린(Green) 정리

좌표평면의 벡터장 $F(x,\ y) = (P(x,\ y),\ Q(x,\ y))$을 곡선 C의 매개화 $\alpha(t) = (x(t),\ y(t))$를 활용하여 선적분할 때 아래의 표현을 얻는다.

$$\begin{aligned}\int_C F \cdot d\boldsymbol{s} &= \int_I F \cdot \alpha'(t)\, dt \\ &= \int_I P(\alpha(t))x'(t)dt + Q(\alpha(t))y'(t)\, dt = \int_C P\, dx + Q\, dy\end{aligned}$$

마찬가지로 좌표공간 $\mathbb{R}^3$의 벡터장 $F(x,\ y,\ z) = (P(x,\ y,\ z),\ Q(x,\ y,\ z),\ R(x,\ y,\ z))$에 대하여

$$\int_C F \cdot d\boldsymbol{s} = \int_C P\, dx + Q\, dy + R\, dz$$

로 쓸 수 있다.

정리 12.1 **그린 정리 1**

좌표평면 $\mathbb{R}^2$에 주어진 조각적으로 정규 단순닫힌곡선 C과 이를 경계로 하는 유계이고 연결된 영역 D을 생각할 때, 영역 D에 정의된 벡터장 $F(x, y) = (P(x, y), Q(x, y))$이 영역 D을 포함한 열린 집합에서 C^1이면 다음이 성립한다.

$$\oint_C P(x, y)dx + Q(x, y)dy = \iint_D \left(\frac{\partial Q}{\partial x} - \frac{\partial P}{\partial y} \right) dx\,dy$$

여기서 선적분은 곡선 C에 주어진 경계의 향을 따른다.

(단, 적분기호 $\oint_C$는 닫힌곡선 C에서 향을 따른 선적분하는 것을 뜻한다.)

증명 조각적으로 정규 단순닫힌곡선 C에 대한 정리의 증명은 곡선 C가 정규 단순닫힌곡선일 때의 증명으로부터 쉽게 일반화된다. 따라서 곡선 C가 정규 단순닫힌곡선이라고 가정하고 증명한다.

좌표평면에 조건을 만족하는 영역 D은 x축과 y축에 평행한 선들을 적절하게 선택하여 영역 D이 분할 D_k $(k=1, \cdots, m)$로 분해되어 $D = \bigcup_{k=1}^{m} D_k$로 나타낼 수 있다. 이들 분할들은 다음과 같이

$$\{(x, y) \mid a \le x \le b, \ c \le y \le d\}$$

형태의 직사각형 영역과

$\{(x, y) \mid a \le x \le b, \ c \le y \le f_1(x)\}$

$(f_1(x)$는 증가인 C^1함수이며 $f_1(a) = c, \ f_1(b) = d)$

$\{(x, y) \mid a \le x \le b, \ c \le y \le f_2(x)\}$

$(f_2(x)$는 감소인 C^1함수이며 $f_2(a) = d, \ f_2(b) = c)$

$\{(x, y) \mid a \le x \le b, \ f_3(x) \le y \le d\}$

$(f_3(x)$는 증가인 C^1함수이며 $f_3(a) = c, \ f_3(b) = d)$

$\{(x, y) \mid a \le x \le b, \ f_4(x) \le y \le d\}$

$(f_4(x)$는 감소인 C^1함수이며 $f_4(a) = d, \ f_4(b) = c)$

와 같이 직사각형을 C^1함수의 그래프 형태로 분할한 다음 중의 한 형태가 된다.

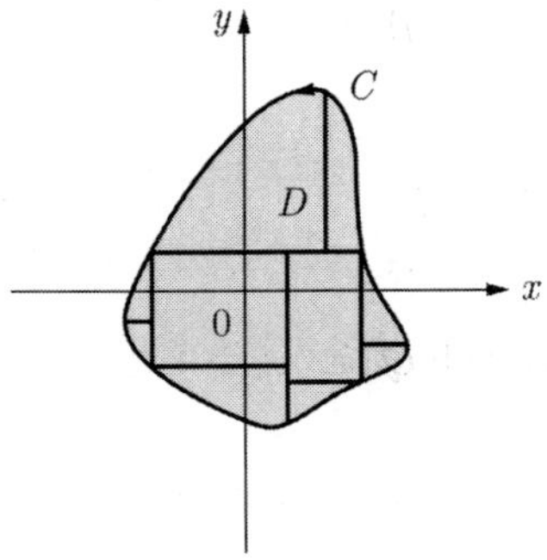

이 분할 $D_k\,(k=1,\ \cdots,\ m)$에 영역 D의 향을 생각하고 각각의 분할들의 경계의 향을 주면 그림과 같이 (i) 서로 다른 분할의 공통 경계가 되는 부분은 서로 다른 향을 가지고 (ii) 분할의 경계의 일부가 본래 영역 D의 경계 C의 일부이면 경계 C의 경계의 향과 같은 향을 가지게 된다.
따라서 모든 분할에서 주어진 향에 따라 구한 벡터장의 선적분을 모두 모으면 (i)의 경우에는 서로 반대 부호의 값을 주어 상쇄하고, (ii)의 경우를 모두 합하면 곡선 C에서의 선적분이 되므로

$$\oint_C P\,dx + Q\,dy = \sum_{k=1}^{m} \oint_{\partial D_k} P\,dx + Q\,dy$$

이다.
이제 각각의 분할 D_k에서 선적분과 면적분의 관계를 구하기 위하여 (1) 직사각형 분할과 (2) 분할 D_B 형태만 살펴보면 충분하다.

$$D_B := \{(x,\ y) \mid a \le x \le b,\ c \le y \le f(x)\}$$

($f(x)$는 증가인 C^1함수이며 $f(a)=c,\ f(b)=d$)

(1) 직사각형 분할의 경우

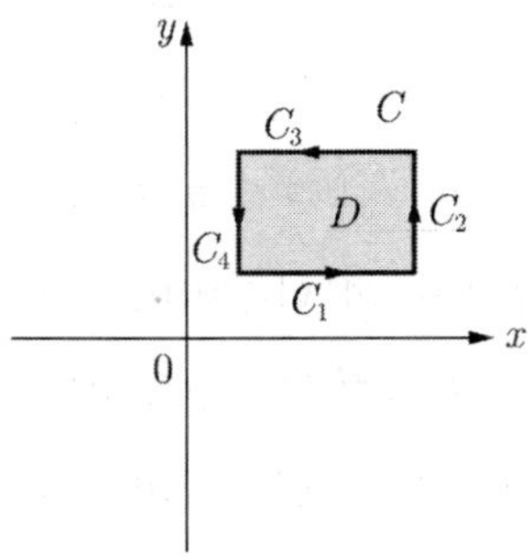

직사각형 분할 $D_A := \{(x,\ y) \mid a \le x \le b,\ c \le y \le d\}$에 대하여 그림과 같이 경계를 네 개의 수직한 선분의 합 $C_1 + C_2 + C_3 + C_4$으로 두고 경계의 향을 준다. 이제 선적분을 계산하면

$$\begin{aligned}\oint_{C_1 + C_3} P(x,\ y)dx + Q(x,\ y)dy &= \int_a^b P(x,\ c)dx + \int_b^a P(x,\ d)dx \\ &= \int_a^b P(x,\ c) - P(x,\ d)dx \\ &= -\int_a^b \int_c^d \frac{\partial P}{\partial y} dy\, dx\end{aligned}$$

$$\begin{aligned}\oint_{C_2 + C_4} P(x,\ y)dx + Q(x,\ y)dy &= \int_c^d Q(b,\ y)dy + \int_d^c Q(a,\ y)dy \\ &= \int_c^d Q(b,\ y) - Q(a,\ y)dy \\ &= \int_c^d \int_a^b \frac{\partial Q}{\partial x} dx\, dy\end{aligned}$$

이므로

$$\begin{aligned}\oint_{\partial D_A = C_1 + C_2 + C_3 + C_4} Pdx + Qdy &= \int_c^d \int_a^b \left(\frac{\partial Q}{\partial x} - \frac{\partial P}{\partial y} \right) dx\, dy \\ &= \iint_{D_A} \left(\frac{\partial Q}{\partial x} - \frac{\partial P}{\partial y} \right) dx\, dy\end{aligned}$$

이다.

(2) 분할 D_B 형태의 경우

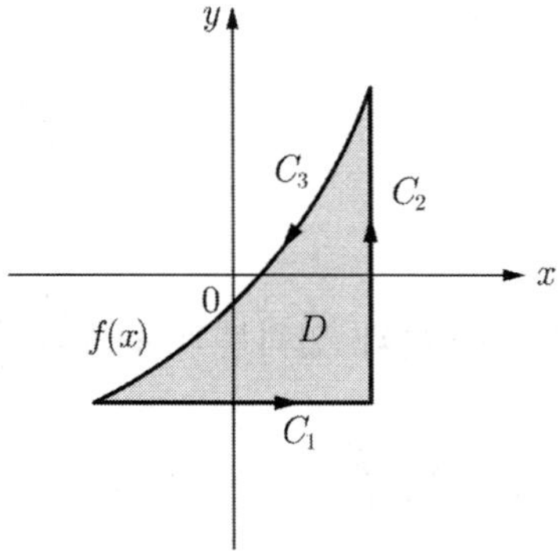

영역 D_B의 경계는 그림과 같이 경계를

C_1: 점 $(a,\ c)$을 시작점으로 직선 $y = c$을 따라 점 $(b,\ c)$을 끝점으로 하는 직선

C_2: 점 $(b,\ c)$을 시작점으로 직선 $x=b$을 따라 점 $(b,\ d)$을 끝점으로 하는 직선

C_3: 점 $(b,\ d)$을 시작점으로 그래프 $(x,\ f(x))$를 따라 점 $(a,\ c)$을 끝점으로 하는 곡선

의 합으로 하고 경계의 향을 준다. 이때 함수 $f(x)$는 증가함수로 역함수 $f^{-1}(y)$가 존재한다. 이제 선적분을 계산하면

$$\begin{aligned}\oint_{C_1+C_2+C_3} P(x,\ y)dx &= \int_a^b P(x,\ c)dx + \int_b^a P(x,\ f(x))dx \\ &= \int_a^b P(x,\ c) - P(x,\ f(x))dx \\ &= -\int_a^b \int_c^{f(x)} \frac{\partial P}{\partial y}\, dy\, dx \\ &= -\iint_{D_B} \frac{\partial P}{\partial y}\, dx\, dy\end{aligned}$$

$$\begin{aligned}\oint_{C_1+C_2+C_3} Q(x,\ y)dy &= \int_c^d Q(b,\ y)dy + \int_d^c Q(f^{-1}(y),\ y)dy \\ &= \int_c^d Q(b,\ y) - Q(f^{-1}(y),\ y)dy \\ &= \int_c^d \int_{f^{-1}(y)}^b \frac{\partial Q}{\partial x}\, dx\, dy \\ &= \iint_{D_B} \frac{\partial Q}{\partial x}\, dx\, dy\end{aligned}$$

이므로

$$\oint_{C_1+C_2+C_3} P(x,\ y)dx + Q(x,\ y)dy = \iint_{D_B} \left(\frac{\partial Q}{\partial x} - \frac{\partial P}{\partial y}\right) dx\, dy$$

를 얻는다.

이들 두 가지 형태의 선적분과 면적분의 관계를 활용하면

$$\begin{aligned}\oint_C P dx + Q dy &= \sum_{k=1}^{m} \oint_{\partial D_k} P dx + Q dy \\ &= \sum_{k=1}^{m} \iint_{D_k} \left(\frac{\partial Q}{\partial x} - \frac{\partial P}{\partial y}\right) dx\, dy\end{aligned}$$

$$= \iint_D \left(\frac{\partial Q}{\partial x} - \frac{\partial P}{\partial y} \right) dx\,dy$$

이므로 정리를 증명한다. ■

정리 12.2 그린 정리 2

좌표평면 $\mathbb{R}^2$에 주어진 유계이고 연결된 영역 D에 대하여 경계가 유한개의 단순닫힌곡선 $C_k\ (1 \le k \le m)$의 합집합으로 주어질 때, 영역 D를 포함하는 열린 집합에 정의된 C^1 벡터장 $F(x, y) = (P(x, y), Q(x, y))$에 대하여 다음이 성립한다.

$$\oint_{\partial D} P(x, y)dx + Q(x, y)dy = \sum_{k=1}^{m} \oint_{C_k} P(x, y)dx + Q(x, y)dy$$

$$= \iint_D \left(\frac{\partial Q}{\partial x} - \frac{\partial P}{\partial y} \right) dx\,dy$$

여기서 선적분은 각 곡선 $C_k\ (1 \le k \le m)$에 주어진 경계의 향을 따른다.

증명 그림과 같이 외부의 닫힌곡선에서 내부의 닫힌곡선으로 선분을 정하면 영역 D은 단순연결된 닫힌곡선으로 둘러싸인 영역이 된다. 여기에 그린 정리 1을 활용하면 내부의 닫힌곡선을 연결한 선분들의 선적분은 부호에 따라 상쇄하고 경계의 닫힌곡선들의 선적분과 같으므로 정리를 증명한다.

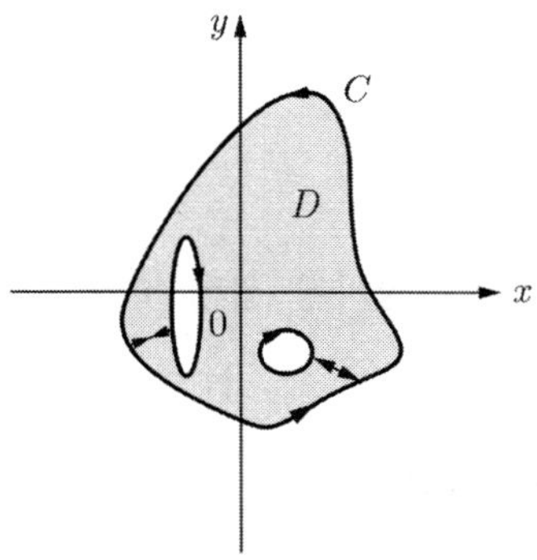

■

예 12.3 좌표평면에 주어진 영역 $D = \{(x, y) \mid x^2 + y^2 \le 4\}$에 대하여 다음 적분값을 구한다.

$$\oint_{\partial D} \frac{-y\,dx + x\,dy}{x^2+y^2}$$

그린 정리 1을 적용하여 계산하면

$$\iint_D \frac{\partial}{\partial x}\left(\frac{x}{x^2+y^2}\right) + \frac{\partial}{\partial y}\left(\frac{y}{x^2+y^2}\right) dx\,dy = 0$$

를 얻는다. 이제 주어진 선적분을 매개변수

$$(x,\ y) = (2\cos\theta,\ 2\sin\theta),\ 0 \le \theta \le 2\pi$$

에 대하여 계산하면

$$\oint_{\partial D} \frac{-y\,dx + x\,dy}{x^2+y^2} = \int_0^{2\pi} \frac{-2\sin\theta\,(-2\sin\theta) + 2\cos\theta\,(2\cos)d\theta}{4} = 2\pi$$

로 그린 정리에 관련된 두 식의 결과가 다르다.

이 경우, 주어진 벡터장

$$F(x,\ y) = \left(\frac{x}{x^2+y^2},\ \frac{y}{x^2+y^2}\right)$$

가 영역 D의 점 $(0,\ 0)$에서 정의되지 않았으므로(혹은 정의되었다 해도 미분가능하지 않으므로) 그린 정리 1을 적용할 수 없으며, 올바른 답은 2π이다. 한편, 그린 정리 2를 적용하면 영역 D의 경계가 원이 아닌 임의의 닫힌 곡선인 경우에도 D의 내부에 점 $(0,\ 0)$이 포함되면 선적분 값은 항상 2π가 됨을 알 수 있다. ▲

그린 정리를 활용하여 다음의 정리를 쉽게 얻을 수 있다.

정리 12.4 좌표평면의 영역의 넓이

좌표평면 $\mathbb{R}^2$에 주어진 정규 단순닫힌곡선 C와 이를 경계로 하는 유계이고 연결된 영역 D를 생각할 때, 영역의 넓이 $A(D)$가 다음 식을 만족한다.

$$A(D) = \oint_C x\,dy = -\oint_C y\,dx = \frac{1}{2}\oint_C x\,dy - y\,dx$$

연습문제 12.1 정리 12.4를 활용하여 타원 $\frac{x^2}{a^2}+\frac{y^2}{b^2}=1$의 넓이를 구하라.

연습문제 12.2 그린 정리를 활용하여 극좌표로 표현된 곡선 $r=1-\cos\theta$로 둘러싸인 영역의 넓이를 구하라.

12.2 스토크스(Stokes) 정리

좌표평면 $\mathbb{R}^2$을 좌표공간 $\mathbb{R}^3$의 xy평면으로 생각하면, 그린 정리에 나타난 영역 D를 정규 매개화

$$\begin{aligned} \Phi:\ D &\to \mathbb{R}^3 \\ (u,v) &\mapsto \Phi(u,v)=(u,v,0) \end{aligned}$$

에 의해 주어진 곡면으로 나타낼 수 있다. 또한 좌표평면의 영역 D에 주어진 벡터장

$$F(x,\ y)=(P(x,\ y),\ Q(x,\ y))$$

을 좌표공간 $\mathbb{R}^3$의 곡면 D에 주어진 벡터장

$$F(x,\ y,\ z):=(P(x,\ y),\ Q(x,\ y),\ 0)$$

으로 둘 수 있으며 이 벡터장의 컬은

$$\text{curl}(F)=\left(0,\ 0,\ \frac{\partial Q}{\partial x}-\frac{\partial P}{\partial y}\right)$$

으로 구해진다. 따라서 곡면 D에서의 컬 $\text{curl}(F)$의 면적분을 생각하면

$$\begin{aligned} \iint_D \text{curl}(F)\bullet d\boldsymbol{A} &= \iint_D \text{curl}(F)\bullet \Phi_u\times\Phi_v\,du\,dv \\ &= \iint_D \left(0,\ 0,\ \frac{\partial Q}{\partial x}-\frac{\partial P}{\partial y}\right)\bullet e_3\,du\,dv \\ &= \iint_D \left(\frac{\partial Q}{\partial x}-\frac{\partial P}{\partial y}\right)du\,dv. \end{aligned}$$

이제 선적분을

$$\oint_{\partial D} P(x, y)dx + Q(x, y)dy = \oint_{\partial D} P(x, y)dx + Q(x, y)dy + 0\,dz$$
$$= \oint_{\partial D} (P(x, y), Q(x, y), 0) \cdot (dx, dy, dz)$$
$$= \oint_{\partial D} \boldsymbol{F} \cdot d\boldsymbol{s}$$

로 나타내면 좌표평면의 그린 정리는 좌표공간에서

$$\oint_{\partial D} \boldsymbol{F} \cdot d\boldsymbol{s} = \iint_D \operatorname{curl}(\boldsymbol{F}) \cdot d\boldsymbol{A}$$

이다. 이것이 일반적인 곡면의 면적분과 선적분의 관계식임을 다음의 스토크스 정리에서 확인할 수 있다. 따라서 그린 정리는 평면좌표계의 스토크스 정리에 해당하며, 내부에서 벡터장의 회전량을 모두 합한 것이 경계를 따라 벡터장이 순환한 정도에 해당함을 뜻한다.

연습문제 12.3 구 $x^2 + y^2 + z^2 = 4$와 좌표공간의 영역 $x^2 + y^2 \leq 2x$의 교집합이 이루는 곡면의 넓이를 구하라.

정리 12.5 **스토크스 정리**

삼차원 좌표공간의 향이 주어진 정규곡면 S의 경계가 정규 단순닫힌곡선 C이며, 곡면 S에 주어진 벡터장 $\boldsymbol{F}$가 곡면 S를 포함한 열린 집합에서 C^1일 때 다음이 성립한다.

$$\oint_C \boldsymbol{F} \cdot d\boldsymbol{s} = \iint_S \operatorname{curl} \boldsymbol{F} \cdot d\boldsymbol{A}$$

여기서 선적분은 곡선 C에 주어진 경계의 향을 따른다.
(스토크스 정리의 선적분이 곡면과 무관하게 정의되는 것을 알아두면 매우 유용하다.)

증명 좌표평면 $\mathbb{R}^2$에 주어진 정규 단순닫힌곡선을 경계로 하는 유계이고 연결된 영역 D에 주어진 곡면 S의 매개화

$$\Phi(u, v) : D \to \mathbb{R}^3$$

에 대하여 주어진 식을 증명하면 된다.

경계의 향에 따라 ∂D를 매개화한 것을

$$(u(t),\ v(t)),\ \ t \in I$$

라고 하면 좌표공간의 닫힌곡선 C에 대한 매개화가

$$\Phi(u(t),\ v(t)),\ t \in I$$

로 주어진다. 만약 곡면의 향이 매개화에 의한 향과 일치하면 매개화 $\Phi(u(t),\ v(t))$에 의한 곡선 C의 향은 곡면 S에 대한 경계의 향이 된다. 곡선 C의 속도벡터를 구하면

$$\Phi_u u'(t) + \Phi_v v'(t)$$

이므로 선적분을 구하면

$$\begin{aligned}\oint_C F \cdot d\boldsymbol{s} &= \int_I F \cdot (\Phi_u u'(t) + \Phi_v v'(t))dt \\ &= \int_{\partial D} (F \cdot \Phi_u)\,du + (F \cdot \Phi_v)\,dv\end{aligned}$$

이다. 그린 정리에 따라

$$\begin{aligned}\int_{\partial D}(F \cdot \Phi_u)du + (F \cdot \Phi_v)dv &= \iint_D \left(\frac{\partial(F \cdot \Phi_v)}{\partial u} - \frac{\partial(F \cdot \Phi_u)}{\partial v}\right) du\,dv \\ &= \iint_D \left(\frac{\partial F}{\partial u} \cdot \Phi_v - \frac{\partial F}{\partial v} \cdot \Phi_u\right) du\,dv\end{aligned}$$

로 나타난다. 벡터장 F을 $F = \sum_{k=1}^{3} f_k e_k$라고 두고 $F_u \cdot \Phi_v - F_v \cdot \Phi_u$를 자세히 살펴보면

$$\begin{aligned}F_u \cdot \Phi_v - F_v \cdot \Phi_u &= \left(\sum_{k=1}^{3} \frac{\partial f_k}{\partial u} e_k\right) \cdot \Phi_v - \left(\sum_{k=1}^{3} \frac{\partial f_k}{\partial v} e_k\right) \cdot \Phi_u \\ &= \left(\sum_{k=1}^{3} (\nabla f_k \cdot \Phi_u) e_k\right) \cdot \Phi_v - \left(\sum_{k=1}^{3} (\nabla f_k \cdot \Phi_v) e_k\right) \cdot \Phi_u \\ &= \sum_{k=1}^{3} \big((\nabla f_k \cdot \Phi_u)(e_k \cdot \Phi_v) - (\nabla f_k \cdot \Phi_v)(e_k \cdot \Phi_u)\big)\end{aligned}$$

이다. 더하여 벡터곱의 성질

$$(v\times w)\cdot(V\times W)=\begin{vmatrix} v\cdot V & v\cdot W \\ w\cdot V & w\cdot W\end{vmatrix}$$

과 $\operatorname{curl} F=\sum_{k=1}^{3}\nabla f_k\times e_k$로 표현(6장 부록 참고)되는 것을 활용하면

$$\begin{aligned}
&\sum_{k=1}^{3}\left((\nabla f_k\cdot\Phi_u)(e_k\cdot\Phi_v)-(\nabla f_k\cdot\Phi_v)(e_k\cdot\Phi_u)\right)\\
&=\sum_{k=1}^{3}(\nabla f_k\times e_k)\cdot(\Phi_u\times\Phi_v)=\left(\sum_{k=1}^{3}\nabla f_k\times e_k\right)\cdot\Phi_u\times\Phi_v\\
&=\operatorname{curl} F\cdot\Phi_u\times\Phi_v
\end{aligned}$$

이다. 따라서

$$\begin{aligned}
\oint_C F\cdot ds&=\iint_D\left(\frac{\partial F}{\partial u}\cdot\Phi_v-\frac{\partial F}{\partial v}\cdot\Phi_u\right)du\,dv\\
&=\iint_D\operatorname{curl} F\cdot\Phi_u\times\Phi_v\,du\,dv\\
&=\iint_S\operatorname{curl} F\cdot d\boldsymbol{A}
\end{aligned}$$

이 성립하므로 정리를 증명한다. ■

예 12.6 구 $x^2+y^2+z^2=1$와 $x+2y+3z=0$의 교선이 되는 곡선을 C라고 하고 평면의 향으로 주어진 단위법벡터 $\frac{1}{\sqrt{14}}(1,\ 2,\ 3)$에 대하여 곡선 C의 향이 주어졌을 때 다음 적분을 구하려고 한다.

$$\oint_C(2y+z)dx+(x+2z)dy+(2x+y)dz$$

곡선 C를 경계로 하고 평면에 속한 원판을 S라고 하면

$$\begin{aligned}
&\oint_C(2y+z)dx+(x+2z)dy+(2x+y)dz\\
&=\iint_S(-1,\ -1,\ -1)\cdot d\boldsymbol{A}\\
&=\iint_S(-1,\ -1,\ -1)\cdot\frac{1}{\sqrt{14}}(1,\ 2,\ 3)\,dA=-\frac{6\pi}{\sqrt{14}}
\end{aligned}$$

이다. ▲

연습문제 12.4 벡터장 $F = 3x\,\mathrm{i} - xz\,\mathrm{j} - yz^2\,\mathrm{k}$에 대하여 다음 각각의 곡면 S 위에서 면적분 $\int_S \mathrm{curl}F \cdot d\boldsymbol{A}$를 계산하시오.

(1) 반구 $x^2 + y^2 + z^2 = 1,\ x \geq 0$

(2) 포물면의 일부 $2z = x^2 + y^2,\ z \leq 2$

(3) 원통 $x^2 + y^2 = 1\ ,\ 0 \leq z \leq 1$

(4) 원통 위의 구형 덮개 $x^2 + y^2 + (z-1)^2 = 1\ ,\ z \geq 1$

연습문제 12.5 원뿔면의 일부인 곡면 $z = \sqrt{x^2 + y^2} - 1,\ 0 \leq z \leq 1$ 위에서 상수벡터장 $F = \mathrm{i} + 2\mathrm{j} + 3\mathrm{k}$의 면적분을 계산하고, 아래 덮개 $x^2 + y^2 \leq 1$, $z = 0$에서의 면적분 및 위쪽 덮개 $x^2 + y^2 \leq 4,\ z = 1$에서의 면적분과 어떤 관계에 있는지 살펴보시오.

연습문제 12.6 곡면 $x^2 + y^2 + 2(z-1)^2 = 1,\ z \geq 1$에 대하여 벡터장 $F = x\,\mathrm{i} - 2y\,\mathrm{j} - 3z\,\mathrm{k}$의 면적분을 계산하시오.

제13장
면적분과 체적분

좌표평면의 영역과 경계에 대한 면적분과 선적분에 관한 그린 정리를 좌표공간에 영역과 경계에 대한 삼중적분과 면적분으로 확장하기 위하여 우선 서로 짝이 되는 좌표평면의 선적분과 좌표공간의 면적분의 구별점을 살펴볼 필요가 있다. 주어진 벡터장에 대하여 경계의 선적분은 경계가 되는 곡선의 접선 방향의 흐름을 적분하는 반면 경계의 면적분은 경계가 되는 곡면에 수직인 방향의 흐름을 적분한다. 따라서 좌표평면의 경계의 선적분을 경계가 되는 곡선에 수직한 방향에 관한 흐름으로 재구성하여 그린 정리를 이해하고 좌표공간의 일반화에 대하여 살펴보는 것이 적당하다.

13.1 평면벡터장의 발산정리

좌표평면 $\mathbb{R}^2$에 주어진 정규 단순닫힌곡선 C와 이를 경계로 하는 유계이고 연결된 영역 D를 생각할 때, 영역 D을 포함한 열린 집합에 정의된 C^1 벡터장 $F(x, y) = (P(x, y), Q(x, y))$을 생각한다. 이 벡터장이 경계 닫힌곡선 C를 통하여 영역 D의 밖으로 향한 수직 방향으로 흐르는 양은 경계에서 영역 밖으로 향한 단위법벡터장 n에 의하여 $F \cdot n$로 구해진다. 곡선 C에 주어진 경계의 향에 해당하는 단위접선벡터장 v가 단위법벡터장 n을 시계 반대 방향으로 $\frac{\pi}{2}$만큼 회전한 것이므로 벡터장 $F = (P, Q)$을 시계 반대 방향으로 $\frac{\pi}{2}$만큼 회전하여 얻는 벡터장 $G = (-Q, P)$에 대하여

$$G \cdot v = F \cdot n$$

이 성립함을 알 수 있다. 벡터장 G에 대한 그린 정리를 활용하면

$$
\begin{aligned}
\oint_C F \cdot n\, ds &= \oint_C G \cdot v\, ds = \oint_C G \cdot d\boldsymbol{s} \\
&= \oint_C -Q(x,\ y)dx + P(x,\ y)dy \\
&= \iint_D \left(\frac{\partial P}{\partial x} + \frac{\partial Q}{\partial y} \right) dx\, dy = \iint_D \operatorname{div}(F) dx\, dy
\end{aligned}
$$

이다. 따라서 평면벡터장의 발산정리를 얻는다.

정리 13.1 평면벡터장의 발산정리

좌표평면 $\mathbb{R}^2$에 주어진 정규 단순닫힌곡선 C와 이를 경계로 하는 유계이고 연결된 영역 D를 생각할 때, 영역 D을 포함하는 열린 집합에 정의된 C^1 벡터장 F에 대하여 다음이 성립한다.

$$\oint_C F \cdot n\, ds = \iint_D \operatorname{div}(F) dx\, dy$$

여기서 선적분은 곡선 C에 주어진 경계의 향을 따르며 $\boldsymbol{n}$은 곡선 C를 따라 영역 D의 밖으로 향하는 단위법벡터장이다.

13.2 공간벡터장의 발산정리

평면벡터장의 발산정리에 따라 영역 D에 주어진 벡터장 F의 div(F)의 합은 경계를 따라서 벡터장 F가 수직 방향으로 밖으로 흐른 양의 합과 같음을 의미한다. 이와 같은 방법으로 공간벡터장의 발산정리를 다음과 같이 얻을 수 있다.

정리 13.2 발산정리

좌표공간 $\mathbb{R}^3$에 주어진 유계이고 향이 주어진 연결된 폐곡면 S와 이를 경계로 하는 유계인 영역을 R이라고 할 때, 영역 R을 포함하는 열린 집합에 정의된 C^1 벡터장 F에 대하여 다음이 성립한다.

$$\iint_S F \cdot n\, dA = \iiint_R \operatorname{div}(F) dV$$

여기서 면적분은 곡면 $S = \partial R$에 주어진 경계의 향을 따르며 n은 곡면 S을 따라 영역 R의 밖으로 향하는 단위법벡터장이다.

증명 그린 정리 1의 증명과 같이 주어진 영역 R을 분할하여 벡터장의 면적분을 구하면 분할들의 공통 경계는 서로 반대 방향인 법벡터를 가지고 있어 면적분 값이 서로 상쇄하여 분할들에서 벡터장 $F = (P,\ Q,\ R)$의 면적분의 합은 영역 R의 경계인 폐곡면 S에서 벡터장 F의 면적분과 같다. 그린 정리 1과 마찬가지로 일반적인 형태의 분할에서 벡터장의 면적분과 발산함수의 적분의 관계를 구하여 발산정리를 증명한다.

따라서 다음과 같은 형태의 영역에서 발산정리를 증명하면 충분하다.

$$R_0 := \{(x,\ y,\ z) \mid c \le z \le h(x,\ y),\ (x,\ y) \in D\}$$

여기서 D는 xy평면의 유계이고 연결된 영역으로 경계가 정규인 단순닫힌곡선이다. 또한 D에 정의된 함수 $h(x,\ y)$는 C^1 함수이며 c는 상수이다.

영역 R_0의 경계를 세 가지로 구별하여 나타내면

$$S_T := \{(x,\ y,\ h(x,\ y)) \mid (x,\ y) \in D\}$$
$$S_B := \{(x,\ y,\ c) \mid (x,\ y) \in D\}$$
$$S_C := \{(x,\ y,\ z) \mid c \le z \le h(x,\ y),\ (x,\ y) \in \partial D\}$$

으로 각각 윗면과 아랫면 그리고 옆면에 해당하며 영역 R_0의 향에 따라 경계의 향을 준다.

(1) 벡터장 F의 S_T에서의 면적분

경계 S_T는 D에 주어진 그래프 형태로 정규 매개화를 $\Phi(x,\ y) = (x,\ y,\ h(x,\ y))$로 줄 수 있으며 경계에 주어진 법벡터를 구하면

$$\Phi_x \times \Phi_y = \left(-\frac{\partial h}{\partial x},\ -\frac{\partial h}{\partial y},\ 1\right)$$

로 경계의 향과 일치한다.

이제 면적분을 구하면

$$\iint_{S_T} F \cdot n\, dA = \iint_D (P,\ Q,\ R) \cdot \left(\frac{\Phi_x \times \Phi_y}{|\Phi_x \times \Phi_y|}\right) |\Phi_x \times \Phi_y|\, dx\, dy$$

$$
\begin{aligned}
&= \iint_D (P,\ Q,\ R) \cdot (-h_x,\ -h_y,\ 1)\, dx\, dy \\
&= \iint_D (-Ph_x - Q\, h_y + R)\, dx\, dy \\
&= \iint_D \left(-\frac{\partial}{\partial x} \int_c^{h(x,\ y)} P\, dz + \int_c^{h(x,\ y)} P_x\, dz \right) dx\, dy \\
&\quad + \iint_D \left(-\frac{\partial}{\partial y} \int_c^{h(x,\ y)} Q\, dz + \int_c^{h(x,\ y)} Q_y\, dz \right) dx\, dy \\
&\quad + \iint_D R(x,\ y,\ h(x,\ y)) dx\, dy
\end{aligned}
$$

이다.

(2) 벡터장 F의 S_B에서의 면적분

경계 S_B는 D에 주어진 상수함수의 그래프 형태로 정규 매개화를 $\Psi(x,\ y) = (x,\ y,\ c)$로 줄 수 있으며 경계에 주어진 법벡터를 구하면 $\Psi_x \times \Psi_y = (0,\ 0,\ 1)$이다. 이때 경계의 향과 일치하도록 $\Psi_y \times \Psi_x = (0,\ 0,\ -1)$를 선택한다.

이제 면적분을 구하면

$$
\begin{aligned}
\iint_{S_B} F \cdot n\, dA &= \iint_D (P,\ Q,\ R) \cdot (0,\ 0,\ -1)\, dx\, dy \\
&= \iint_D -R(x,\ y,\ c)\, dx\, dy
\end{aligned}
$$

이다.

(3) 벡터장 F의 S_C에서의 면적분

xy평면의 영역 D의 경계인 단순닫힌곡선 C의 한 점에서 D의 밖으로 향하는 단위법벡터를 $(\alpha,\ \beta)$라고 하면 경계 S_C의 한 점에서 경계의 향에 따라 주어지는 단위법벡터는 $(\alpha,\ \beta,\ 0)$으로 주어진다.

면적분을 구하면

$$
\iint_{S_C} F \cdot n\, dA = \oint_C \int_c^{h(x,y)} (P\alpha + Q\beta) dz\, ds
$$

이며, 정리 13.1 평면벡터장의 발산정리를 활용하면

$$\begin{aligned}
&\oint_C \int_c^{h(x,\,y)} (P\alpha + Q\beta)\, dz\, ds \\
&= \oint_C \left(\alpha \int_c^{h(x,\,y)} P\, dz + \beta \int_c^{h(x,\,y)} Q dz \right) ds \\
&= \oint_C \left(\int_c^{h(x,\,y)} P\, dz,\, \int_c^{h(x,\,y)} Q dz \right) \cdot (\alpha,\, \beta)\, ds \\
&= \iint_D \left(\frac{\partial}{\partial x} \int_c^{h(x,\,y)} P\, dz + \frac{\partial}{\partial y} \int_c^{h(x,\,y)} Q\, dz \right) dx\, dy
\end{aligned}$$

이다.

이제 (1), (2), (3)의 면적분을 합하면

$$\begin{aligned}
&\iint_{S_T + S_B + S_C} F \cdot \boldsymbol{n}\, dA \\
&= \iint_D \left(-\frac{\partial}{\partial x} \int_c^{h(x,\,y)} P dz + \int_c^{h(x,\,y)} P_x\, dz \right) dx\, dy \\
&\quad + \iint_D \left(-\frac{\partial}{\partial y} \int_c^{h(x,\,y)} Q dz + \int_c^{h(x,\,y)} Q_y\, dz \right) dx\, dy \\
&\quad + \iint_D R(x,\, y;\, h(x,\, y))\, dx\, dy + \iint_D - R(x,\, y,\, c)\, dx\, dy \\
&\quad + \iint_D \left(\frac{\partial}{\partial x} \int_c^{h(x,y)} P\, dz + \frac{\partial}{\partial y} \int_c^{h(x,y)} Q\, dz \right) dx\, dy \\
&= \iint_D \int_c^{h(x,\,y)} (P_x + Q_y + R_z)\, dz\, dx\, dy
\end{aligned}$$

가 성립하므로 정리를 증명한다. ■

예 13.3 $R = \{(x,\, y,\, z) \mid 0 \le x \le 1,\, 1 \le y \le 3,\, 3 \le z \le 6\}$의 경계를 S라고 할 때, 벡터장 $F = (x^2yz,\, xy^2z,\, xyz^2)$에 대하여 다음의 적분을 구하려고 한다.

$$\iint_S F \cdot d\boldsymbol{A}$$

$\mathrm{div}(F) = 6xyz$이므로 발산정리에 의하여

$$\iint_S F \cdot d\boldsymbol{A} = \iiint_R 6xyz\, dV = \int_0^1 \int_1^3 \int_3^6 6xyz\ dz\, dy\, dx = 162$$

이다. ▲

연습문제 13.1 $\boldsymbol{R}^3$에 주어진 벡터장 F가 $\mathrm{div}(F) = x^2+y^2+z^2$를 만족할 때 반지름 r인 구면 $x^2+y^2+z^2=r^2$ 에서 벡터장 F의 플럭스를 구하라.

연습문제 13.2 영역 $R=\{(x,\ y,\ z)\ |\ x^2+y^2+z^2 \le 4,\ x^2+2y^2+3z^2 \ge 3\}$의 경계에서 벡터장 F의 플럭스를 구하라. 단, 벡터장 F의 잠재함수는 $f(x,y,z)=x^2+y^2+z^2$이다.

연습문제 13.3 영역 $R=\{(x,\ y,\ z)\,|\,x^2+y^2 \le 1,\ y^2+z^2 \le 1\}$에 주어진 벡터장 F의 잠재함수가 $f(x,\ y,\ z)=x^2+y^2-2z^2+xy-2yz$로 주어진다. 영역 R의 경계 S에 대한 벡터장 F의 플럭스를 구하라.

연습문제 13.4 다음 주어진 곡면 S 위에서 벡터장 $F=\mathrm{i}+2\mathrm{j}-3\mathrm{k}$ 의 면적분을 계산하시오.

(1) $x^2+y^2+2(z-1)^2=1,\ z \ge 1$

(2) 토러스 $(\sqrt{x^2+y^2}-3)^2+z^2=1$

(3) 토러스의 앞쪽 절반 $(\sqrt{x^2+y^2}-3)^2+z^2=1,\ x \ge 0$

(4) 토러스의 위쪽 절반 $(\sqrt{x^2+y^2}-3)^2+z^2=1,\ z \ge 0$

연습문제 해답

1장

1.6 $(a_1e_1+\cdots+a_ne_n)-(b_1e_1+\cdots+b_ne_n)=v-v=0$과 표준 단위벡터로 영벡터를 나타내는 계수의 유일성을 이용하여 보일 수 있다.

1.10 (2) $(v\times w)\times u=O,\ v\times(w\times u)=-k$

2장

2.1 $\delta=\varepsilon$으로 두면 $|(x,\ y)-(a,\ b)|<\delta$일 때 $|x-a|,\ |y-b|<\delta=\varepsilon$이다. 따라서

$$|xy-ab|=|y(x-a)+a(y-b)|\le|y||x-a|+|a||y-b|<(|y|+|a|)\varepsilon$$

이다. 부등식 $|y-b|<\varepsilon$으로부터 $|y|<|b|+\varepsilon$이고 따라서 $|xy-ab|<(|b|+\varepsilon+|a|)\varepsilon$이다. 이 계산에 비추어 적절히 δ의 범위를 조절하면 부등식 $|xy-ab|<\varepsilon$을 얻을 수 있다.

2.3 (예제 2.1) 임의의 양수 ε에 대하여 $\delta=\varepsilon$라 하면,

$$|(x,\ y)-(p,\ q)|=\sqrt{(x-p)^2+(y-q)^2}<\delta$$

인 $(x,\ y)$에 대하여

$$\begin{aligned}|f(x,\ y)-f(p,\ q)|&=\left|\sqrt{(x-x_0)^2-(y-y_0)^2}-\sqrt{(p-x_0)^2-(q-y_0)^2}\right|\\&\le\left|\sqrt{(x-p)^2-(y-q)^2}\right|<\delta=\varepsilon\end{aligned}$$

이 성립하므로 함수 $f(x,\ y)=\sqrt{(x-x_0)^2+(y-y_0)^2}$는 연속함수이다. 이와 유사한 방법으로 함수 $f(x,\ y,\ z)=\sqrt{(x-x_0)^2+(y-y_0)^2+(z-z_0)^2}$가 연속임을 보일 수 있다.

2.4 $n-1\le x+y<n$인 범위에서 $f(x+y)=n-1$이고 $x+y=n$에서 $f(x,\ y)=n$이다.

2.5 $\lim\limits_{x\to 0}f(x,\ 0)=1$이므로 함수 $f(x,\ y)$는 $(0,\ 0)$에서 불연속이다.

2.8 (1) $|cf(X)-cf(P)|=c|f(X)-f(P)|$임을 이용한다.

(2) $|(f+g)(X)-(f+g)(P)|\le|f(X)-f(P)|+|g(X)-g(P)|$임을 이용한다.

함수 fg가 연속임은 연습문제 2.1의 풀이와 유사한 방법으로 보일 수 있다.

(3) 등식 $\left| \frac{1}{f(X)} - \frac{1}{f(P)} \right| = \frac{|f(X)-f(P)|}{|f(X)||f(P)|}$ 과 함수 $\frac{1}{f}$가 P 근방에서 유계임을 이용한다.

2.10 거리함수 $d(X)$가 연속이므로 최대·최솟값 정리를 적용할 수 있다.

2.11 극좌표 치환을 해보면 함수 $f(x, y)$가 원점에서 연속임을 알 수 있고 정의역이 컴팩트이므로, 정리 2.21에 의해 함수 $f(x, y)$는 균등연속이다.

3장

3.1 $D_{(v_1, v_2, v_3)}f((1, 1, 0)) = 4v_1 - 4v_2$이므로 $v = (a, a, b)$, $a, b \in \mathbb{R}$이면 된다.

3.3 (1) $\nabla f = (yz\cos xyz,\ xz\cos xyz,\ xy\cos xyz)$이므로 $\nabla f(P) = (-\frac{\pi}{4}, 0, 0)$.

3.7 $A = (a, b, c)$라고 하면 $f(X) - f(P) - A \cdot (X - P)$가 항등적으로 0이 되므로

$$\lim_{X \to P} \frac{|f(X) - f(P) - A \cdot (X-P)|}{|X-P|} = 0$$

가 되어 미분계수는 (a, b, c)이다.

3.11 $\frac{\partial f}{\partial x} = 2xe^{x^2-y^2}$, $\frac{\partial f}{\partial y} = -2ye^{x^2-y^2}$이고 이는 연속함수이므로 정리 3.9에 의해 함수 $f(x, y)$가 $\mathbb{R}^2$에서 미분가능하다.

3.12 $D_1 f = 4x(x^2+y^2)\sin\frac{1}{\sqrt{x^2+y^2}} - x\sqrt{x^2+y^2}\cos\frac{1}{\sqrt{x^2+y^2}}$, $(x, y) \neq (0, 0)$이고 $(0, 0)$에서 $D_1 f = 0$이다. $(x, y) \to (0, 0)$일 때, $|D_1 f - 0| \to 0$임을 쉽게 보일 수 있다. 마찬가지로 $D_2 f$에 대해서도 보일 수 있다.

4장

4.1 $D_1D_2(f) = D_2D_1(f)$ 임을 확인하면 충분하다.

4.2 (1) $(0, 0)$, 극소점

(2) $(0, 0)$, 말안장점

4.3 임계점: $\{(x, y) \mid x^2+y^2 = 1\}$, $(0, 0)$

$f(r) = r^4 - 2r^2$ 그래프를 y축으로 회전한 곡면이 함수 $f(x, y)$의 개형이 된다.

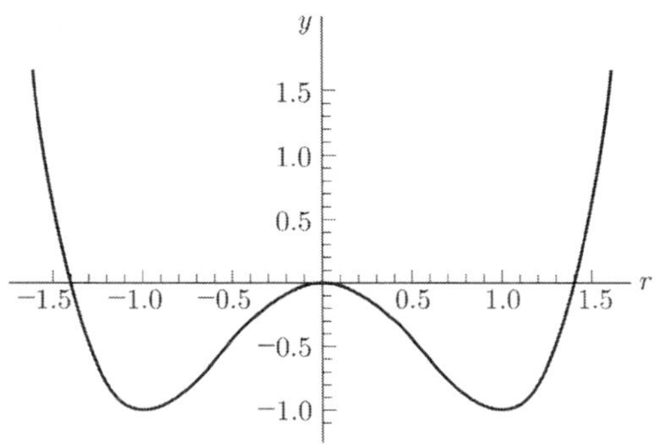

4.4 임계점: $(0,\ 0)$, $\{(x,\ y)\mid x^2+y^2=n\pi,\ n\in\mathbb{N}\}$

4.5 (1) $f(x,\ y)=(x-2)^2+2(y+1)^2-6$이므로 최솟값은 -6, $\text{grad}\,f=(2x-4,\ 4y+4)$이므로 임계점은 $(2,\ -1)$이고, 이 점에서 $D_1^2f=2$, $Hess\,(f)=\begin{pmatrix}2&0\\0&4\end{pmatrix}$, $\triangle=8$, 정리 4.10에 의해 임계점 $(2,\ -1)$은 극소점이다.

(2) 임계점 $P=(\frac{20}{7},\ -\frac{12}{7})$, $Hess_P(f)=\begin{pmatrix}2&1\\1&4\end{pmatrix}$, $\triangle_P=7>0$이므로 점 P는 극소점이다.

4.6 (1) 극대점: 없음, 극소점: $(1,\ 1)$, 말안장점: $(0,\ 0)$

(2) $f(1,\ 1)=-1$, $(1,\ -3)=-17$이므로 점 $(1,\ 1)$에서 최솟값을 갖지 않는다.

4.7 (1) 원점이 말안장점이며, $f(x,\ y)=x(x-y)(x+y)$로부터 원점 근방의 함숫값이 양수와 음수를 모두 가짐을 알 수 있다.

5장

5.1 (1) $J_P=\begin{pmatrix}\cos\theta & -r\sin\theta\\ \sin\theta & r\cos\theta\end{pmatrix}$, $\det J_P=r$

(2) $J_S=\begin{pmatrix}\cos\phi\cos\theta & -\rho\sin\phi\cos\theta & -\rho\cos\phi\sin\theta\\ \cos\phi\sin\theta & -\rho\sin\phi\sin\theta & \rho\cos\phi\cos\theta\\ \sin\phi & \rho\cos\phi & 0\end{pmatrix}$, $\det J_S=-\rho^2\cos\phi$

(3) $J_F=\begin{pmatrix}e^x\cos y & -e^x\sin y\\ e^x\sin y & e^x\cos y\end{pmatrix}$, $\det J_F=e^{2x}$

(4) $J_G=\begin{pmatrix}2x & -2y\\ 2y & 2x\end{pmatrix}$, $\det J_G=4(x^2+y^2)$

(5) $J_C=\begin{pmatrix}\cos\theta & -r\sin\theta & 0\\ \sin\theta & r\cos\theta & 0\\ 0 & 0 & 1\end{pmatrix}$, $\det J_C=r$

5.2 $J_g(f(\alpha,\ \beta))J_f(\alpha,\ \beta)=(2(\alpha+\beta),\ -4)\begin{pmatrix}1&1\\ \beta&\alpha\end{pmatrix}=2(\alpha-\beta,\ -\alpha+\beta)=J_{g\circ f}(\alpha,\ \beta)$

5.3 $(f\circ\alpha)(t)=1$이므로 $\frac{d}{dt}(f\circ\alpha)(t)=(2\cos t,\ 2\sin t)\begin{pmatrix}-\sin t\\ \cos t\end{pmatrix}=0$이다.

$$\frac{d}{dt}(g\circ\alpha)(t)=(2\cos t,\ -2\sin t)\begin{pmatrix}-\sin t\\ \cos t\end{pmatrix}=-4\sin t\cos t$$

이며, 이는 $(g\circ\alpha)(t)=\cos(2t)$로부터 계산한 결과와 일치한다.

5.4

$$\begin{aligned}J_G(F)\,J_F&=\begin{pmatrix}2r\cos\theta & -2r\sin\theta\\ 2r\sin\theta & 2r\cos\theta\end{pmatrix}\begin{pmatrix}\cos\theta & -r\sin\theta\\ \sin\theta & r\cos\theta\end{pmatrix}\\&=2r\begin{pmatrix}\cos^2\theta-\sin^2\theta & -2r\sin\theta\cos\theta\\ 2\sin\theta\cos\theta & r(\cos^2\theta-\sin^2\theta)\end{pmatrix}=J_{G\circ F}\end{aligned}$$

5.6 $J_P=\begin{pmatrix}2x & -2y\\ 2y & 2x\end{pmatrix}$이고 원점이 아닌 모든 점 $(x,\ y)$에 대하여 $\det J_P=4(x^2+y^2)>0$이므로 역함수 정리에 의해 함수 $P(x,\ y)$의 역함수가 존재한다.

5.7 $J_H = \begin{pmatrix} 3x^2+y & x+3y^2 \\ 2y & 2x \end{pmatrix}$이고 $x \neq y$이면 $\det J_H = 6(x^3-y^3) \neq 0$이므로 역함수 정리에 의해 함수 $H(x, y)$의 역함수가 존재한다. 또한, $J_{H^{-1}}(-1, -2) = \frac{1}{6}\begin{pmatrix} 1 & -2 \\ 1 & 1 \end{pmatrix}$이다.

5.8 $\rho \neq 0$, $\phi \neq n\pi$인 임의의 점 (ρ, ϕ, θ)에서 $\det J_S = \rho^2 \sin\phi \neq 0$이다.

5.9 $\det J_C = r \neq 0$

5.11 (1) 모든 점에서 $\frac{dy}{dx} \neq 0$임을 보이면 된다.

(2) 원점을 제외한 모든 점에서 $\frac{dx}{dy} \neq 0$임을 보이면 된다.

(3) $\frac{dx}{dy} = \frac{2y}{3x^2+1}$이므로, $x'(\sqrt{2}) = \frac{2\sqrt{2}}{4}$, $x'(-\sqrt{2}) = \frac{-2\sqrt{2}}{4}$.

5.12 (1) $h(x, y) = x^3+y^3-3xy$에 대해 $h_y = 0$이 되는 점 $(0, 0)$, $(\sqrt[3]{4}, \sqrt[3]{2})$를 제외한 모든 점

(2) 마찬가지 방법으로 $(0, 0)$, $(\sqrt[3]{2}, \sqrt[3]{4})$를 제외한 모든 점

(3) -1

5.13 $g(x, y, z) = xy+yz+zx$라고 하면, $\text{grad}\, g(1, 2, 3) = (5, 4, 3)$이다. 따라서 $(\frac{\partial z}{\partial x}, \frac{\partial z}{\partial y}, -1)$은 $(5, 4, 3)$과 평행하므로, $\frac{\partial z}{\partial x}(1, 2) = -\frac{5}{3}$.

5.14 $g(x, y, z) = x^3+y^3-xz^2-yz^2$라고 하자.

$$\text{grad}\, g(x, y, z) = (3x^2-z^2,\ 3y^2-z^2,\ -2z(x+y))$$

이므로, $-2z(x+y) \neq 0$인 모든 점에서 함수 표현 $z = z(x, y)$이 가능하다. 이를 곡면의 식에 대입해보면 곡선 $x^3+y^3=1$을 제외한 모든 점에서 함수 표현 $z = z(x, y)$이 가능함을 알 수 있고, 이때 $\frac{\partial z}{\partial x}$, $\frac{\partial z}{\partial y}$ 값은 각각 $\frac{3x^2-z^2}{2z(x+y)}$, $\frac{3y^2-z^2}{2z(x+y)}$이다.

6장

6.2 $\text{curl}(F) = (y\cos x + x\sin y)\mathbf{k}$. $\text{curl}(F)$가 항등적으로 영벡터가 아니므로 정리 6.15의 대우를 적용하면 벡터장 F는 보존적이지 않다.

7장

7.1 0과 1 사이 임의의 구간에는 유리수와 무리수가 항상 모두 존재하므로 상적분은 1이고 하적분은 0이다.

7.2 연습문제 7.1과 유사하게 풀면 된다.

7.3 (1) $U(\widetilde{f};P_n)=\sum_{k=1}^{n}\frac{1}{n^2}\frac{k}{n}(n-k+1)$, $L(\widetilde{f};P_n)=\sum_{k=1}^{n-2}\frac{1}{n^2}\frac{k}{n}(n-k-1)$

(2) $\lim_{n\to\infty}U(\widetilde{f};P_n)=\frac{1}{6}=\lim_{n\to\infty}L(\widetilde{f};P_n)$

(3) $\int_D f=\frac{1}{6}$

7.4 (1) $u_n=\sum_{k=1}^{n}\left\lceil\frac{k^2}{n}\right\rceil$, $l_n=\sum_{k=1}^{n}\left\lfloor\frac{k^2}{n}\right\rfloor$

(2) 샌드위치 정리에 의해 $\lim_{n\to\infty}\frac{l_n}{n^2}=\frac{1}{3}=\lim_{n\to\infty}\frac{u_n}{n^2}$

(3) $\int_0^1 x^2dx=\frac{1}{3}$

7.5 $f^2\geq 0$이므로 만일 $f(X_0)^2\neq 0$인 점이 있다면 따름정리 7.6에 의해 $\int_D f^2>0$이다. 하지만 $\int_D f^2=0$이므로 f^2은 항등적으로 0이다.

7.9 따름정리 7.11에 의해 $\int_D f=\int_a^b xe^{x^2}\int_a^b ye^{y^2}$이고 $\int_a^b xe^{x^2}=\frac{1}{2}(e^{b^2}-e^{a^2})\geq 0$이므로 $\int_D f\geq 0$이 항상 성립한다.

7.11 $V=\iint_D 1-x-y=\int_0^1\int_0^{1-x}1-x-y\,dy\,dx=\frac{1}{6}$

8장

8.2 (1) $x=r\cos\theta$, $y=r\sin\theta$로 두면 된다.

(2) D 위의 임의의 점 (a,b)에 대해서 $a^2+b^2=r^2$, $\theta=\tan^{-1}(\frac{b}{a})$라고 하면 (1)번의 결과에 의해서 $T(D)=D$이다. $a^2+b^2=r^2$, $\theta=\tan^{-1}(\frac{b}{a})$의 해가 원점을 제외하면 항상 두 개이므로 원점을 제외한 모든 점의 역상은 두 점이다.

(3) 주어진 식의 좌변은 π이고 우변은 2π이다.

8.4 $\pi(e^2-1)$

8.5 $|J_T|=\det\begin{pmatrix}a_1&0&0&0\\0&a_2&0&0\\0&0&\ddots&0\\0&0&0&a_n\end{pmatrix}=a_1a_2\cdots a_n$임을 이용한다.

9장

9.1 $\gamma(t)=(\sin^2t,\ -\cos t\sin t,\ \cos^2t)$이고 $\gamma'\neq 0$이므로 곡선 γ는 정규곡선이다.

9.3 $\frac{1}{4}(2\sqrt{5}+\sinh^{-1}2)$

9.4 $\beta(s)=\left(\sinh^{-1}(s),\ \sqrt{1+s^2}\right)$

9.5 (1) $\frac{1}{2}l^2$. (2) $l,\ -l$

9.8 곡선 $C:\alpha(t)=(\cos t,\ \sin t,\ 0),\ t\in[0,\ 2\pi]$에 대하여 선적분을 계산하면

$$\int_C F\cdot ds=\int_0^{2\pi}(\sin t,\ -\cos t,\ 0)\cdot(-\sin t,\ \cos t,\ 0)\,dt=-2\pi\neq 0$$

$$\int_C G\cdot ds=\int_0^{2\pi}(\sin t,\ -\cos t,\ 0)\cdot(-\sin t,\ \cos t,\ 0)\,dt=-2\pi\neq 0$$

이므로 두 함수의 잠재함수가 존재하지 않고 따라서 보존장이 아니다.

9.9 (1) 이변수함수 $\phi(x,\ y)$에 대한 연립미분방정식 $D_1\phi=ax+by,\ D_2\phi=cx+dy$의 해가 존재하려면 $b=c$이어야 한다.

(2) 연립미분방정식 $D_1\phi=ax^2+2bxy+cy^2,\ D_2\phi=px^2+2qxy+ry^2$의 해가 존재하려면 $b=p$, $c=q$이어야 한다.

9.12 필요충분조건: $b=c$, 잠재함수 $\frac{1}{2}ax^2+\frac{1}{2}dy^2+bxy+C,\ C$: 상수

9.13 $(x^2+y^2+z^2)^{-\frac{1}{2}}+C$

10장

10.1 (1) $x^2+y^2=\left(R\pm\sqrt{r^2-z_0^2}\right)^2,\ z=z_0,$

$$\Phi(\theta,\ \phi)=((R\pm\sqrt{r^2-z_0^2})\cos\theta,\ (R\pm\sqrt{r^2-z_0^2})\sin\theta,\ z_0),\ 0\le\theta\le 2\pi$$

(2) $(R\cos\theta_0,\ R\sin\theta_0,\ 0)+\cos\phi(rcos\theta_0,\ r\sin\theta_0,\ 0)+\sin\phi(0,\ 0,\ r)$

10.2 $\Phi_\phi\times\Phi_\theta=\sin\phi(\cos\theta\sin\phi,\ \sin\theta\sin\phi,\ \cos\phi),\ (\Phi_\phi\times\Phi_\theta)\times\Phi=O$이므로 평행하다.

10.3 $\Phi_s\times\Phi_t\neq O$이다. ($\alpha'(s)$와 $\alpha''(s)$가 수직임을 이용하면 된다.)

10.4 (1) 예 10.6의 정규곡면 S에 대해서, $\phi=\frac{\pi}{2}$ 또는 $\phi=\frac{3\pi}{2}$일 때 $\frac{\Phi_\theta\times\Phi_\phi}{|\Phi_\theta\times\Phi_\phi|}=(0,\ 0,\ 1)$이다.

10.5 구의 대칭성에 의해 $z>0$일 때만 그래프로 표시하면 충분하다. 이때 그래프는 $z=\sqrt{1-x^2-y^2}$이 되고, $f(x,\ y,\ z)=x^2+y^2+z^2$에서 $\text{grad}f=(2x,\ 2y,\ 2z)$이므로 $\text{grad}f$와 그래프의 법벡터는 같은 방향이다.

10.6 연습문제 10.5와 마찬가지로 $z>0$인 경우에 그래프로 나타내면 되고, 점 $(a,\ b,\ c)$에서의 접평면의 방정식은 각각 $(2a,\ 2b,\ 2c)\cdot(x-a,\ y-b,\ z-c)=0$이 된다.

10.7 $z=0$에서 그래디언트 벡터의 z성분이 0이 되므로 $\{z=0\}$ 근방은 그래프로 표현할 수 없다.

10.8 매개화 함수 $\Phi:D\to\mathbb{R}^3$와 xy평면으로의 정사영 $p_{xy}:\Phi(D)\to\mathbb{R}^2$을 합성한 함수

$(p_{xy} \circ \Phi)(u, v) = (x(u, v), y(u, v))$를 생각하면 주어진 조건으로부터 역함수 정리에 의하여 (u_0, v_0)의 근방에서 $p_{xy} \circ \Phi$의 역함수 G가 존재한다. 즉, $P = \Phi(u_0, v_0)$의 근방에서 $(\Phi \circ G)(x, y) = (x, y, z(x, y))$로 쓸 수 있고 여기서 함수 $z(x, y)$는 C^1 함수이다.

10.9 $8\pi^2$

10.10 $\frac{\pi}{6}((1+4(R+1)^2)^{\frac{3}{2}} - (1+4(R)^2)^{\frac{3}{2}})$

10.11 $\frac{2}{3}\pi((1+R^2)^{\frac{3}{2}} - 1)$

10.12 $(2+\sqrt{2}\sinh^{-1}(1))\pi$

10.14 $2\pi\int_a^b |f(u)|\sqrt{1+(f'(u))^2}du = 2\pi f(c)\int_a^b \sqrt{1+(f'(u))^2}$를 만족하는 c가 존재하고, c가 그래프의 중심이므로 성립한다.

10.17 0

10.18 4π

10.19 $c\pi$

10.20 $c\pi$이다. 발산정리에 따르면 닫힌 곡면 위에서의 상수 벡터장의 적분은 0이 되어야 하기 때문이다.

12장

12.1 $\oint_C x\,dy = ab\int_0^{2\pi} \cos^2\theta d\theta = \pi ab$

12.2 $-\oint_C ydx = \int_0^{2\pi} (1-\cos\theta)\sin\theta(\sin\theta - \sin2\theta)d\theta = \frac{3\pi}{2}$

12.3 $8\pi - 16$

13장

13.1 $\frac{4\pi}{5}r^2$

13.2 $(64-12\sqrt{2})\pi$

13.3 0

참고 문헌

- 고성은 · 문명호, 2001: **다변수 미적분학**. 건국대학교 출판부.
- 김홍종, 2000: **미적분학2**. 개정판. 서울대학교출판부.
- J. Marsden and A. Tromba, 2003: *Vector Calculus*. 5th edition.
- M. Spivak, 1965: *Calculus on Manifolds*. 3rd edition.
- W. Rudin, 1976: *Principles of Mathematical Analysis*.

찾아보기

ㅇ

ㅈ

ㅋ

ㅍ

ㅎ

다변수 미분적분학 제3판

지은이 김현규 · 이용하 · 이재혁 · 최인송
펴낸이 조경희
펴낸곳 경문사
펴낸날 2018년 3월 5일 1판 1쇄
2025년 9월 1일 3판 2쇄
등 록 1979년 11월 9일 제1979-000023호
주 소 04057, 서울특별시 마포구 와우산로 174
전 화 (02)332-2004 팩스 (02)336-5193
이메일 kyungmoon@kyungmoon.com

값 19,000원

ISBN 979-11-6073-520-8